U0249969

“走向未来”现代工学前沿科普丛书

江苏科普创作出版扶持计划项目

主编　祝世宁

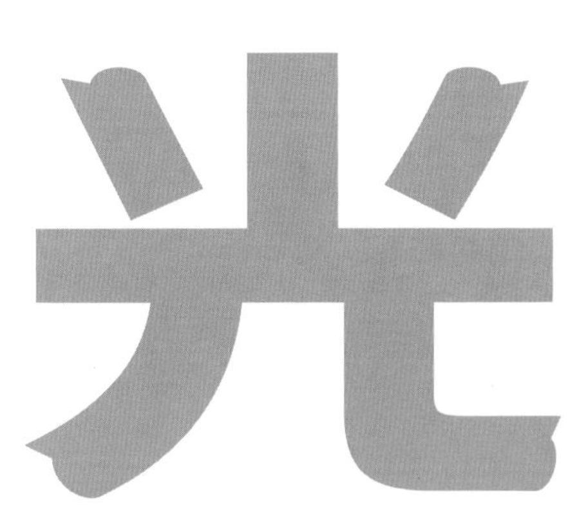

追光

卢明辉　李涛　胡小鹏　袁紫燕　主编

南京大学出版社

图书在版编目（CIP）数据

追光 / 卢明辉等主编 . -- 南京 ： 南京大学出版社， 2024.4
（“走向未来”现代工学前沿科普丛书 / 祝世宁主编）
ISBN 978-7-305-27827-3

Ⅰ . ①追… Ⅱ . ①卢… Ⅲ . ①光学－普及读物
Ⅳ . ① O43-49

中国版本图书馆 CIP 数据核字（2024）第 033424 号

出版发行 南京大学出版社
社　　址 南京市汉口路 22 号　　**邮　　编** 210093
丛 书 名 “走向未来”现代工学前沿科普丛书

书　　名 追　光
ZHUI GUANG

主　　编 卢明辉　李　涛　胡小鹏　袁紫燕
责任编辑 王南雁　　**编辑热线** 025-83595840

照　　排 南京观止堂文化发展有限公司
印　　刷 南京凯德印刷有限公司
开　　本 718mm × 1000mm　1/16　**印　　张** 11.75　**字　　数** 170 千
版　　次 2024 年 4 月第 1 版，2024 年 4 月第 1 次印刷
ISBN 978-7-305-27827-3
定　　价 58.00 元

网　　址 http://www.njupco.com
官方微博 http://weibo.com/njupco
官方微信 njupress
销售热线 (025) 83594756

编委会

序言

习近平总书记指出，科学普及是实现创新发展的重要基础性工作。先进的科技成果需要通过科学普及才能更好地被社会公众理解和接受，进而促进社会发展、改善人们生活。科学普及不仅能向公众传递知识，更能激发人们对科学的兴趣与热爱，培养青少年的探索精神。

爱好科学的读者朋友，特别是青少年读者朋友，你们一定常常会对出现在身边的现象和事情感到好奇，比如：雾天的光柱是如何形成的？激光为什么能用于眼睛手术？ 3D 全息技术又是什么？……这些神奇的现象和技术，其实都蕴藏着深厚的科学原理。科学才是解开这些谜团的钥匙。通过科学的研究和探索，我们能够深入理解这些现象背后的道理，并激起我们不断探索新的技术的热情。因此我们通过简明易懂的科普方式向大众介绍科学家的关注和研究成果，使更多人了解科学家在思考什么，又取得了什么新进展。

另一方面，科学要造福人类必须要通过工程技术，现今现代工学的发展已经超越了传统工学的范畴。面对人类发展和社会进步的需求，现代工学在信息、能源、健康和环境等领域正发挥越来越大的作用。现代工学在这些领域相互交叉融合，对物理、化学、生物等基础学科的支撑越来越依赖，与前沿知识结合得越来越紧密。现代工学已构成了一个庞大而丰富多彩的知识体系。

尽管现代工学已取得了显著的进步，但仍然存在许多亟待攻关的难题，需要我们共同面对和解决。同时科学也在不断推进人类的认知边界，带给我们无尽的惊喜和启迪，引领我们走向更加美好的未来。衷心希望读者特别是青少年们能从本丛书中汲取知识和力量，保持对未知世界的好奇心，努力学习、不断探索、勇于担当、打好基础，将来成为建设国家的栋梁。

这套丛书涉及现代工学的基础知识，根据具体内容分为光学、声学、新能源、生物技术等分册。许多学生参与了丛书的编撰和内容整理。衷心感谢所有老师和同学们的辛勤付出。你们的研究成果、创新想法以及对科学的热爱，为推动工学领域的发展做出了重要贡献。你们的热情使得现代工学的科普拥有了新的活力。

热忱地向各位读者朋友推荐“走向未来”现代工学前沿科普丛书，它不仅是科普读物，更是一次科技探索之旅，将引领读者走向未来，探寻现代工学的无限魅力。

祝世宁

2023 年 12 月

前言

光学，是一门研究光的产生、传播、变化和作用的科学。在人类社会的发展进程中，光学始终扮演着非常重要的角色。

近年来，随着信息技术、生物医药、材料能源、环境科学等领域的飞速发展，由光学衍生出的尖端技术已然成为其中不可或缺的部分。信息技术的发展，使得人们对于高速、大容量的数据传输要求越来越高。光通信技术由于其带宽高、传输距离远、抗干扰能力强等特点而得到了广泛应用。此外，光学在生物医药领域也扮演着重要的角色。例如，利用不同波长的光对细胞进行照射可以改变细胞的活性，从而实现对肿瘤细胞的治疗。同时，光学成像技术也可以用于医学影像诊断和手术导航等方面。在环境科学领域，光学也有着重要的应用。例如，利用激光雷达技术可以对大气、海洋等环境进行精确测量，从而为环境保护提供支持。

本书由南京大学的老师和研究生共同编撰而成。精选了光学科普知识的关键点、难点和热点问题，通过生动的漫画，深入浅出地介绍了光的特性、应用技术等方面的内容。同时，本书还结合了最新的科研进展和实际应用情况，展示了光学在理论研究、科技创新和应用推广等方面的前沿成果和最新趋势。光学作为一门重要的学科，在现代社会中具有非常广泛的应用前景。我们应该加强对于光学的研究和应用，进一步推动其在各个领域的发展，为人类社会的进步做出更大的贡献。

我们相信，通过阅读本书，读者不仅能够更加深入地了解光学的奥秘和魅力，也能够掌握一些前沿的光学知识，为未来的学习和工作打下坚实的基础。希望读者们能够通过学习光学，发现科学之美、创新之路、探索之旅的无限魅力和可能性。随着科技的不断进步和创新，相信光学将会在未来扮演更加重要的角色，并为人类社会带来更多的创新和改变。最后，我们期待，这本书可以带你走进光学的世界，发现光之美，探秘光世界。

目前光学领域发展相当迅速，相关知识更新速度非常快，如有错漏之处，恳请广大读者批评指正。

从智利阿他加马沙漠拍摄的南天星轨 /A. Duro（ESO）

目录

出现于阿拉斯加朗格-圣伊利亚斯国家公园暨保护区的双虹 / ERIC ROLPH(WIKIPEDIA)

1

打开光学世界的大门

打开光学世界的大门

光与我们的生活息息相关，对人们的生产生活产生了非常重要的影响。囊萤映雪、映月读书，都是古人利用光来勤奋苦读。在我们的日常生活中与光学相关的现象及应用更是数不胜数。在生活中你会发现一些很神奇的现象，如雨后彩虹、海市蜃楼，这些都和光学密切相关。

图 1-1 囊萤映雪

彩虹总在雨后

为什么说彩虹往往发生在雨后转晴的时候呢？

因为这时空气里有着非常多的小水滴，呈球形的小水滴在被光照射后，会发生光的折射、反射，就形成了彩虹。

图 1–2 雨后彩虹

太阳光其实包含了不同频率的光，不同频率的光进入人眼，我们就会看到不同的颜色。由于各种颜色的光对应的波长不同，因而它们的折射率也会不同，各频率光会分散折射出水滴，从而在天空中形成美丽的彩虹。我们看到的彩虹，由外圈至内圈分别为红、橙、黄、绿、蓝、靛、紫七种颜色。

基于以上原理，其实不只是雨后，只要是水汽充足的地方，在晴天时也会有彩虹，比如瀑布附近。晴天时背对阳光在空气中喷洒水雾，也

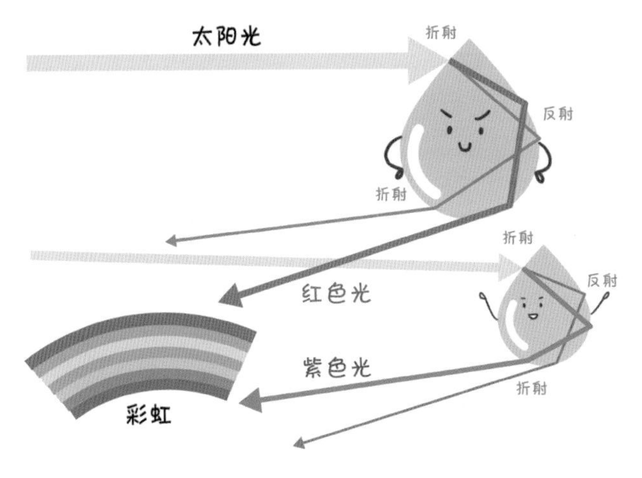

图 1–3 彩虹形成原理图

可以人为制造彩虹。

迷惑的海市蜃楼

海市蜃楼是大气折射产生的一种光学现象。这种折射主要是由不同层次空气的温度和密度差异所致，一般多出现于海上和沙漠中。

图 1-4 海面上的海市蜃楼

在海面上，近海面的空气温度较低、密度较大，而较上部空气的温度较高、密度较小，光的传播的路线将发生偏折，逐渐偏向折射率较大的方向。此时人肉眼实际看到的是物体在天空中的虚像，从而出现我们常说的海市蜃楼。

沙漠也会出现类似海市蜃楼的现象，与海平面不同的是，沙漠是下热上冷，所以下部空气是低密度、上部空气是高密度。光在传播过程发生折射，在沙地中会形成天空的虚像，让人误以为有湖水、绿洲。

图 1–5 沙漠中的海市蜃楼

图 1–6 山东省蓬莱市海面拍摄到的海市蜃楼 /WIKIPEDIA

图 1–7 春天莫哈维沙漠蜃景 / WIKIPEDIA

你知道白炽灯、日光灯、LED 灯的区别吗

白炽灯是将灯丝通电加热到白炽状态，利用热辐射发出可见光的电光源。白炽灯使用的是钨丝，通电时发光放热，能量大部分以热能的形式散失，没有得到充分利用，已被要求渐渐退出市场。日光灯又叫荧光灯，其两端各有一灯丝，灯管内充有少量的惰性气体和汞蒸气，灯管内壁上

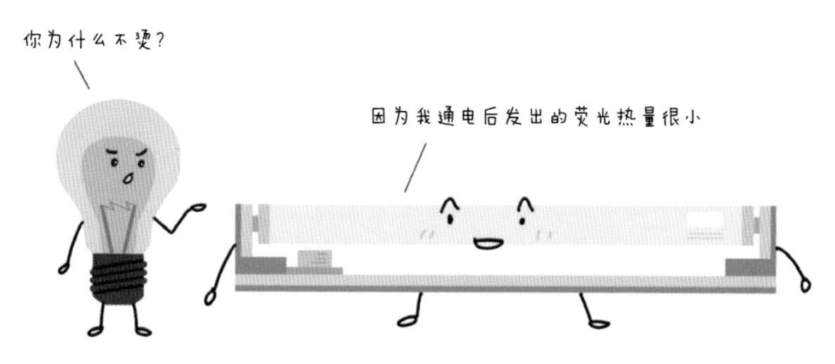

图 1–8 白炽灯和日光灯

涂有荧光粉。通过镇流器和启辉器在管子两端产生高压，把气体电离后发出亮光，通过荧光粉涂层使其发出柔和的可见光。白炽灯和日光灯发光同时，也伴随着相当一部分的热量产生，并不节能。

LED 灯（即发光二极管）是一种半导体光源，其发光效率比白炽灯和荧光灯都高，寿命很长。其工作原理是通过半导体材料的电子复合和发光来产生光。当电流通过 LED 芯片时，激发了半导体材料中的电子，这些电子在与正极的空穴复合时释放出能量，产生光。LED 灯的颜色取决于半导体材料的种类和结构。由于 LED 灯具有效率高、寿命长和节能的特点，其被广泛应用于照明、显示屏和指示灯等领域。

泡泡的彩虹光泽

小时候我们吹起的泡泡，仔细观察它，在阳光的照射下会散发出彩虹色的光泽，这其实是一种薄膜干涉现象。当太阳光照在泡泡上时，有些光会直接被泡泡外表面反

图 1–9 花纹不断变化的泡泡

射，有些光则会进入泡泡内部，被泡泡薄膜的内表面反射。在两个反射的作用下，一些光被加强，一些光被减弱，就会产生光的干涉现象，于是在气泡表面就形成了彩色花纹。随着气泡变大，薄膜变薄，干涉在一定程度上会加强，这就导致了花纹的不断变化。昆虫透明翅膀有时候呈现五彩缤纷的颜色也是这个原因。

霓虹灯的原理你知道吗

夜幕降临，城市里的霓虹灯无疑给夜色增添了几分色彩。霓虹灯是一种传统的光源，内部有灯丝作为电极，当灯管通电后，气体被电离成由气态正离子和自由电子组成的等离子体，同时也发生着正负离子的复合，在复合过程中，多余的能量便以光能的形式放出。光的颜色取决于管中的气体，比如氖气这种稀有气体会发出橙红色光，如果掺入少量的水银蒸气，就会发出蓝光，若配上黄色玻璃，就会变成绿光；若充以氩气，就会发出紫蓝色的光。通过不同的灯管和气体的搭配，通电后的霓虹灯可以发出不同颜色的光，这就是霓虹灯五光十色的原因。

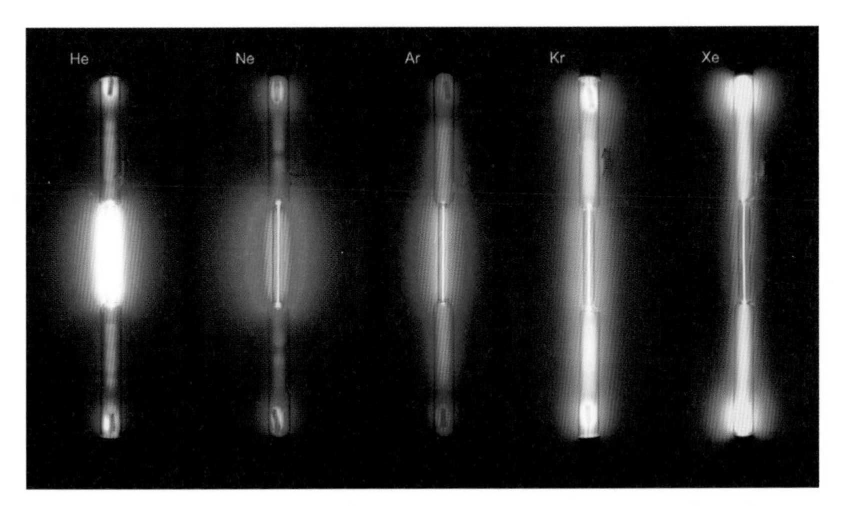

图 1-10 五彩斑斓的霓虹灯 /WIKIPEDIA

你听说过防蓝光眼镜吗

当我们购买眼镜镜片时，店员总会问你需要防蓝光的镜片吗，似乎蓝光是对眼睛有害需要避免的，你知道其中的缘由吗？

自然光蓝光的波长范围为380~500nm。通常蓝光可以分为蓝紫光（400~450 nm）和蓝绿光（465~500 nm）两个波段。研究显示，400~450 nm的蓝紫光更多的是损伤视觉系统。当视觉感受到相同光强度时，波长越短的光产生的能量越大，从而更易导致光热损伤。在日常生活中人造光源的蓝光，如室内照明的荧光灯和LED灯，它产生的光波长范围集中在430~480nm，其波长短，能量高，会加重眼睛疲劳干涩，甚至导致眼底损伤。因而，佩戴具有防蓝光功能的镜片一定程度上能保护我们的眼睛，减缓视疲劳。当然蓝光并不都有害，例如波长位于480~500纳米波长内的蓝光，对调节人的昼夜节律等有重要作用。

目前防蓝光镜片主要分为两大类：反射性防蓝光与吸收性防蓝光。反射性防蓝光就是在镜片加膜时，镀上一层对有害蓝光进行反射的膜。

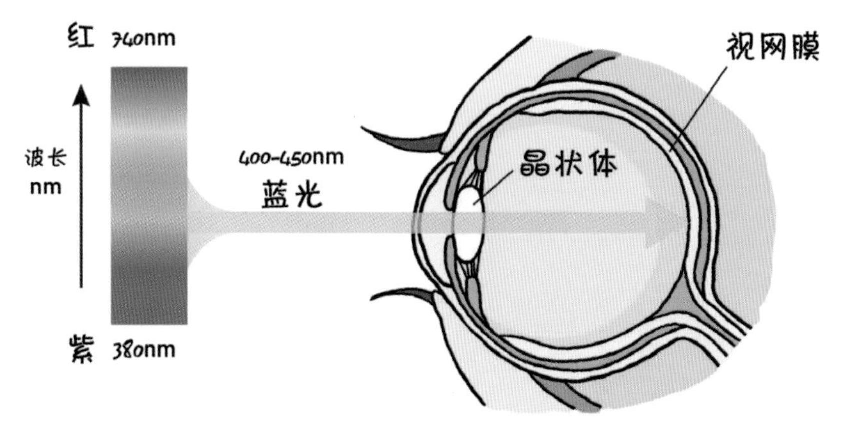

图1-11 蓝光到达视网膜示意图

吸收性防蓝光就是在基片制作时中加入材料，镜片材料对有害蓝光进行吸收。吸收式防蓝光是依据光的互补色原理，其在材料上一般是呈现蓝光的互补色黄色。

除了生活中这些常见的光学现象及应用之外，在科学知识不断更新迭代的今天，人们对光的认识逐渐深入，基于光学的黑科技应用也如春笋般涌现。以上只是打开了有趣的光学世界大门的一条缝，更多有意思的内容会在后续章节一一呈现。

图 1–12 一只大蓝鹭在水道掠过翅膀，由于光的反射而在水面上形成美丽的倒影 /NASA

黄道光是夜空中可见的微弱、漫射的辉光。这种现象源于遍布整个太阳系平面的行星际尘埃对阳光的散射 / WIKIPEDIA

2

散射：探索光线的微妙行踪

散射：探索光线的微妙行踪

“夕照红于烧，晴空碧胜蓝”，每当我们抬头望天时，总能看见或蓝天白云，或夕阳似火。可是为什么天空一会是蓝色的？一会又是橙红色的呢？

图 2-1 不同颜色的天空

太阳光的组成

地球是宇宙中一颗普通又特殊的行星，地球围绕着太阳旋转时，总有一面会被阳光照射，这就给人们带来了昼夜交替，也带来了白天蓝色的天空和傍晚红色的夕阳。既然我们看到的光都来自太阳，那么太阳光是什么颜色的呢？

图 2–2 太阳光的七种颜色

太阳光是由许多波长的光组成的，我们能看见的光叫做可见光，可见光的波长范围为 380~780 纳米。不同波长的光在人眼中会展现出不同的颜色，我们把可见光颜色分为红橙黄绿蓝靛紫七种，这七种颜色组合起来就是我们看到的白光，相反的，我们可以用三棱镜将白光分成七种颜色的光。

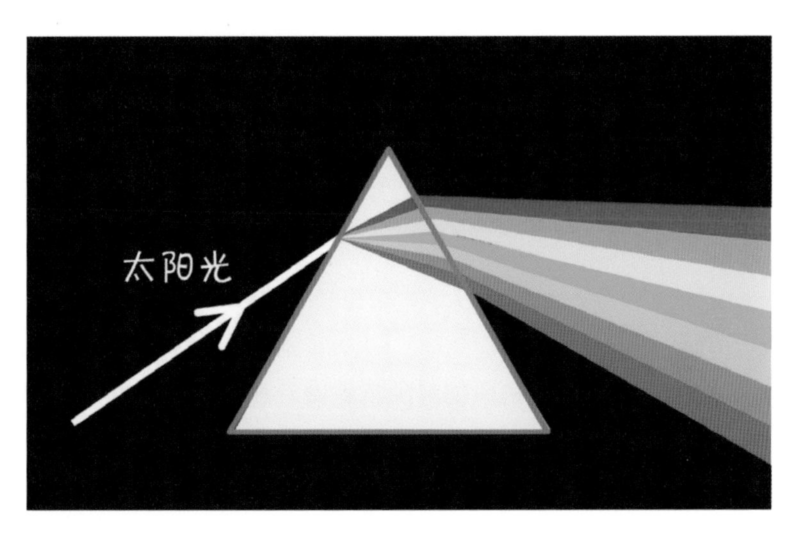

图 2–3 太阳光的散射

每当白天来临，太阳光总会照亮地球上的一切，而不同物体会吸收、反射、散射、折射不同波长的光，导致进入我们眼球里的光不再是太阳最初照射到地球上的光。

天空怎么“选择”颜色？

既然我们无论什么时候看到的都是太阳发出的白光，那天空为什么一会是蓝色，一会是红色呢？

首先，我们要从太阳光本身的特性来寻找答案。太阳光来自太阳内部超高温超高压下持续不断的核聚变过程，热核反应产生了巨大能量，也维持了太阳的超高温度，让太阳能够以光的形式向外辐射能量。

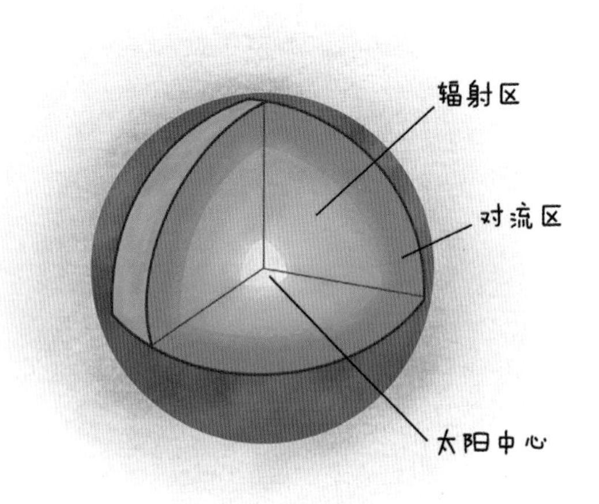

图 2-4 太阳的结构

科学家们还发现，太阳光辐射的总光谱看起来接近 5778K 温度的黑体辐射。[①] 当我们实际观测太阳辐射的能量分布时也发现，当光波长增

① 黑体辐射（Blackbody Radiation）：指处于热力学平衡态的黑体发出的电磁辐射。黑体辐射的电磁波谱只取决于黑体的温度。

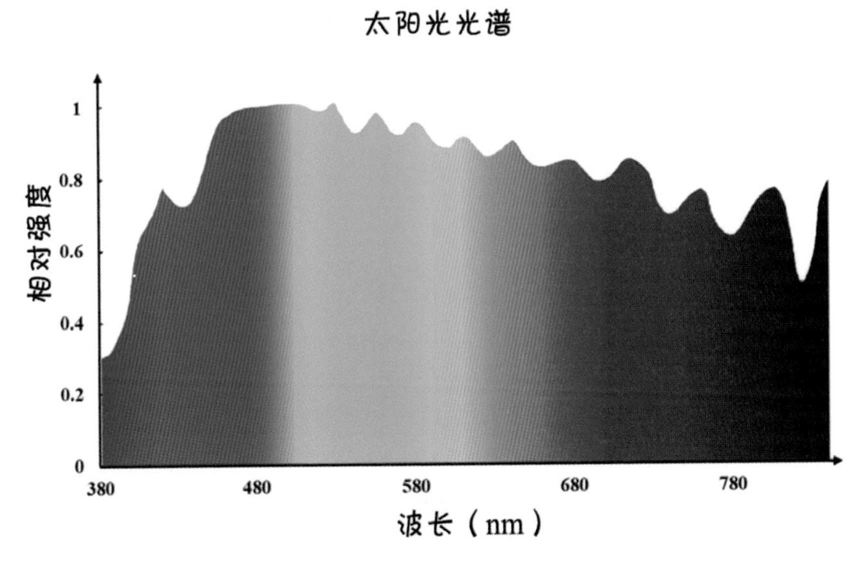

图 2-5 太阳辐射强度随波长的变化情况

加时，太阳辐射的强度会先上升再下降，也就是黄绿色段的光能量强，紫红色段的光能量弱。

光从太阳表面照射到我们的眼睛里经历了什么呢？

太阳光会花费 8 分钟的时间穿过太阳和地球中间的真空。真空中几乎没有能和光相互作用的物质，此过程中光的波长和能量并不会发生明显变化，但是当它到达大气层后就完全不一样了，这一过程只需要不到 0.1 秒，却大大改变了太阳光的性质。

地球的大气层中充满着大气分子、悬浮物和尘埃粒子，阳光穿过大气层时会连续不断地碰到这些阻碍，而不同波长的光遇到这些“绊脚石”后的反应是不一样的。就像我们看见海浪，小的海浪往往会被海边的沙滩阻碍，迅速消失，而“巨浪”总是可以越过细碎的沙子或者石头，达到更远的岸边。长波长的光如红橙光相当于“巨浪”，而短波长如蓝紫光就是小浪，因为翻不过去大气层中的障碍，被散射得到处都是，而我们看见的天空的蓝色，就是这些被散射的蓝光。

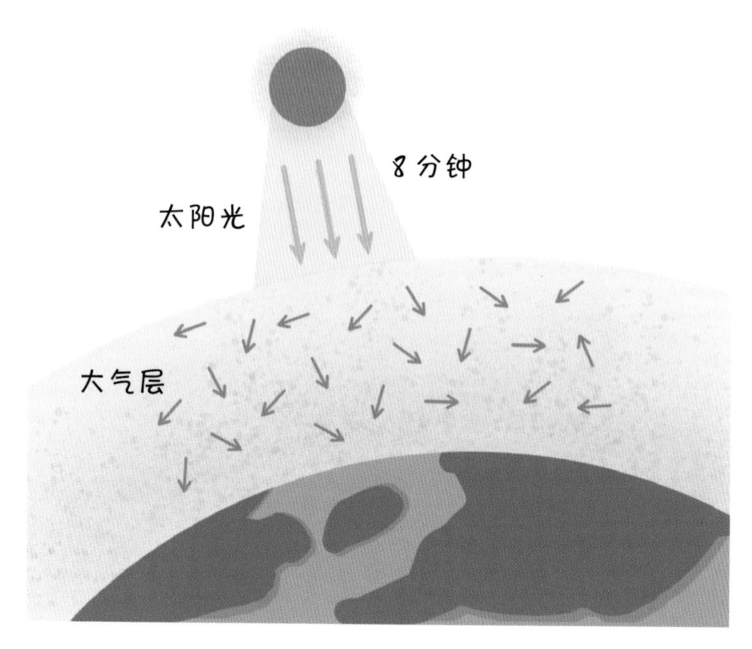

图 2-6 地球大气层散射太阳光

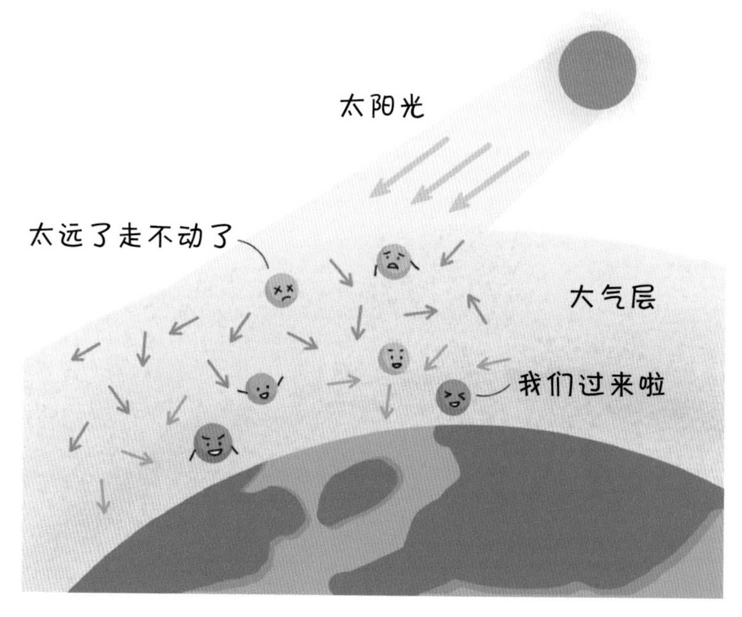

图 2-7 太阳光斜射入大气层

科学家瑞利早在 130 年前就发现了这种散射现象，因此，我们将这种散射现象称为瑞利散射[①]。太阳光经过瑞利散射后形成了蓝色的天空。

而当太阳下山时，阳光从直射变为斜射，这意味着阳光需要通过更长距离的大气层才能到达我们的眼睛。这时，蓝光被长时间的散射消耗殆尽，留下来的就只有长波长的橙光、红光，因此我们才能看见如火的夕阳。

雾天的光柱——米氏散射

刚刚提到的瑞利散射只发生在散射的颗粒尺寸小于光波长时，那么当空气中的颗粒尺寸变大时，会发生什么呢？

想必同学们已经注意到雾天汽车车灯发出的光柱和野外林间洒下的光线。

图 2–8 雾天 / 林间的光束

通过它们，我们能直观地看见光的直线传播，而如果没有散射时，我们是看不见任何光束的。这其实是另外一种散射现象——米氏散射。它的名称来自德国物理学家古斯塔夫·米。他通过实验发现，光线与微小颗粒的相互作用可以使光线发生散射，并且散射光的强度与入射光

① 瑞利散射（Rayleigh scattering）：一种光学现象，属于散射的一种情况，又称“分子散射”。粒子尺度远小于入射光波长时（一般小于波长的十分之一），其各方向上的散射光强度是不一样的（哑铃形角分布），该强度与入射光波长的四次方成反比。

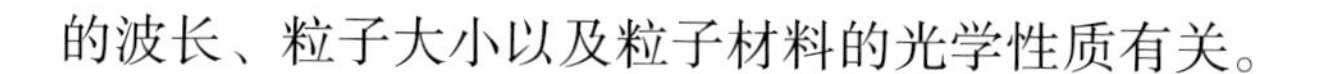

的波长、粒子大小以及粒子材料的光学性质有关。

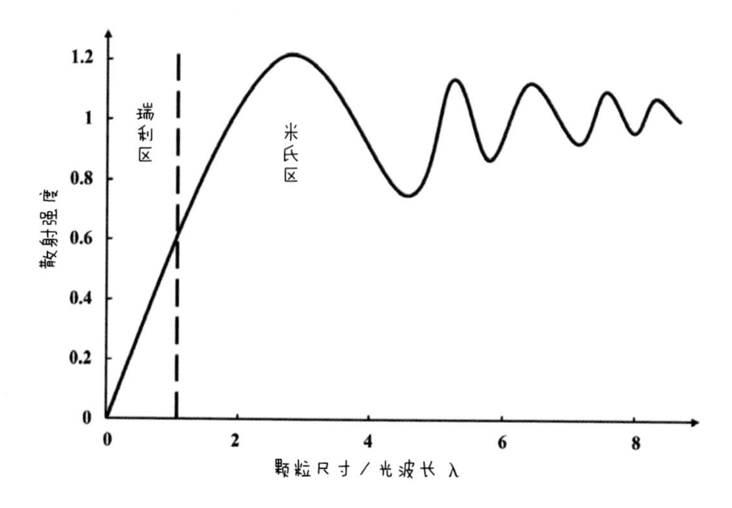

图 2-9 瑞利散射和米氏散射的散射强度

米氏散射的现象可以用一个经典的图像来描述：一束光照射在一个粒子上，这个粒子会将光线弯曲、散射和反射，最终形成一个散射图案。其中，与入射光同方向的光强度较强，而与入射光垂直的方向上的散射光强度较弱。这是由于与入射光同方向的光线只经过一次散射，而与入射光垂直的方向上的光线则经过多次散射，散射方向随机，散射光强度相互抵消。

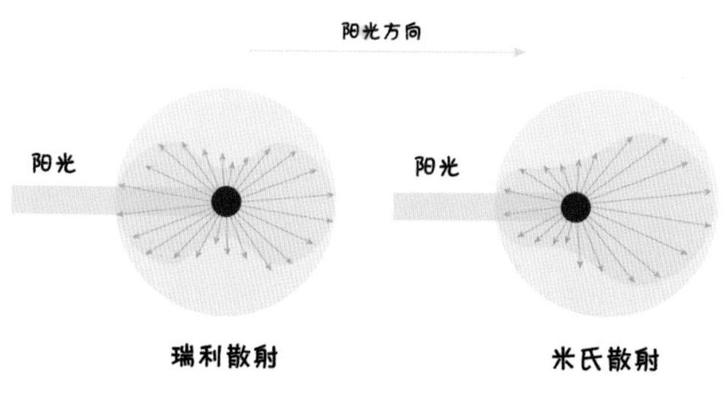

图 2-10 瑞利散射和米氏散射

米氏散射在科学研究中也有着广泛的应用。例如，在纳米颗粒的研究中，研究人员可以通过测量散射光的强度和方向来确定颗粒的大小和形状。此外，在航空航天领域，研究米氏散射可以帮助我们更好地理解大气层的物理特性，为飞行员和宇航员提供更加准确的气象信息。

分子指纹——拉曼光谱

不管是瑞利散射还是米氏散射，都不会改变入射光的频率和波长。然而当光发生散射时，还有很小一部分的光会与物质发生相互作用，当这种相互作用发生时，物质的分子和光子之间发生能量转移，散射的光线波长与入射光线波长不同，这种现象称为拉曼散射，这些发射出来的光线就是我们所说的拉曼光谱。

拉曼散射是在20世纪初由印度物理学家拉曼发现的，拉曼光谱的强度和波长取决于物质的分子结构和振动模式。因此，通过测量拉曼光谱可以得到物质的结构信息和振动特征。散射产生的拉曼光谱可以用于区分不同的分子并分析它们的化学组成及结构信息，对物质进行分析和鉴定。

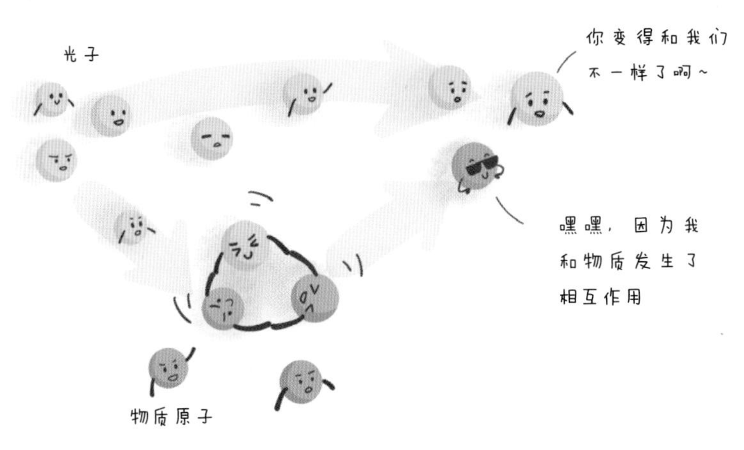

图 2-11 拉曼散射：光和物体相互作用

拉曼光谱的应用非常广泛，我们可以在生物、化学、医学、材料科学等领域中看到它的身影。在化学领域中，拉曼光谱可以用于分析化学物质的结构、组成和质量。在生物和医学领域中，拉曼光谱可以用于研究蛋白质、细胞和组织等生物分子的结构和功能。在材料科学领域中，拉曼光谱可以用于研究材料的晶体结构和物理性质。此外，拉曼光谱还可以用于环境监测和污染物检测等。

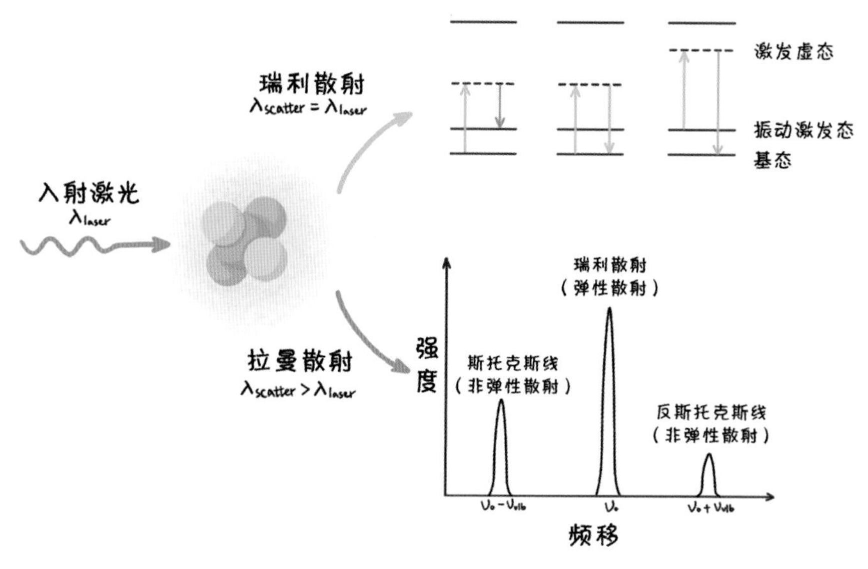

图 2-12 入射光的瑞利散射和拉曼散射

散射现象在生活中无处不在，我们既可以通过观察天空的变化来感受和了解这一现象，也可以通过光谱探究物质的性质。通过不断深入地研究和探索，我们可以更好地理解和利用自然界及科技领域中的光的行为和性质，为人类社会的发展和进步做出更多的贡献。

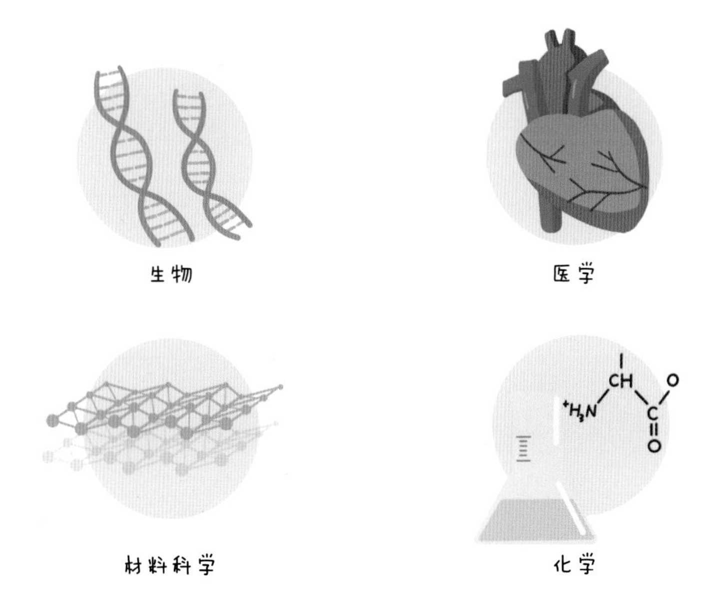

图 2-13 拉曼光谱在不同领域的应用

水波撞击海滩时几乎与海滩平行，因为随着水变浅，它们逐渐折射向陆地 / WIKIPEDIA

3

奇异的光折射现象

奇异的光折射现象

从古至今，光线给人们的印象都是沿直线传播，遇到障碍物被阻挡，从而留下阴影。比如人们小时候玩的手影戏，就是用手做出不同手势，遮住沿直线传播的光线，从而在墙上或地上留下各种形状影子。同样，日食也是一个典型的光沿直线传播的例子。当太阳、月球、地球运行到一条直线上，而月球在地球和太阳之间时，地球上部分区域的人将看不到太阳照射过来的光线，这就是日食现象。这些现象都告诉我们同一个道理，光沿直线传播，且传播过程中会被中间物体阻挡。

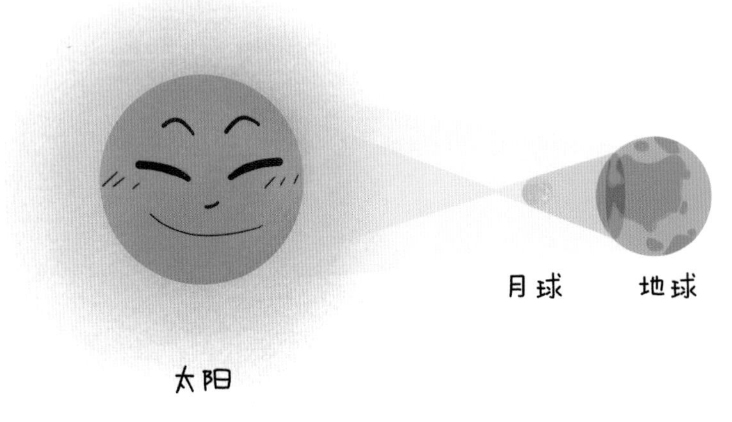

图 3-1 日食

光的反射和折射

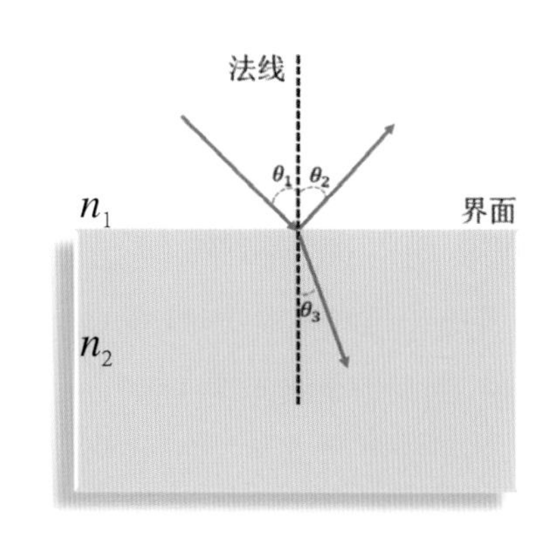

图 3-2 光的折射和反射现象

光在传播过程中遇到不同材质的阻挡物，将产生不同的现象。最为常见的两种就是光的反射和光的折射。

我们之所以能看到物体，可以分为两种情况，一是物体本身发光，被人眼接收；二是物体将照射在它表面上的光线反射出来，被人眼接收。当发生光的反射现象时，入射光线和反射光线分居法线两侧，且入射角等于反射角：$\theta_1=\theta_2$。当发生光的折射现象时，入射光线和折射光线也分居法线两侧，入射角和折射角满足：$n_1\sin\theta_1=n_2\sin\theta_3$。其中 n 是介质的折射率。上述为光的折反射定律。

在日常生活中，我们所观察到的各种现象也都离不开反射和折射定律的身影。我们能在镜子中看到自己的身影；在倒车时从后视镜看到车后方的场景；在湖面上看到岸边景色的倒影；上课时看到老师在黑板上写的文字，这些生活中不起眼的小事都体现了光的反射现象。然而同样都是光的反射现象，镜子反射光和黑板反射光出现的现象是并不完全相同，这两种现象分别被称为镜面反射和漫反射。镜面的反射和漫反射都遵从光的反射定律。

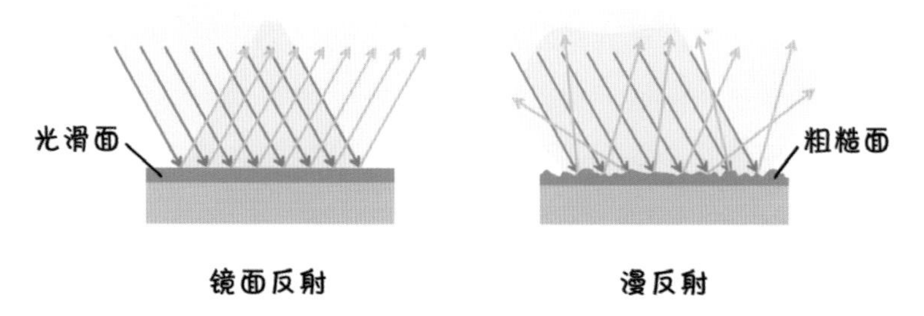

图 3-3 漫反射与镜面反射

当反射面是光滑的平面时，只有在迎着反射光线方向上时才能看到反射回来的光线，从其他方向看则是一片黑色，这种现象叫做镜面反射。当反射面比较粗糙时，光线照射在凹凸不平的表面上，朝着各个方向反射，使得从各个方向都能看到反射光线，这种现象叫做漫反射。

图 3-4 黑板上的漫反射和镜面反射

我们看黑板的时候，镜面反射和漫反射可能会同时出现。坐在前排两侧的同学有时候只能看到黑板上白茫茫一片，根本看不清老师在黑板上写了什么。这是因为窗外的光线斜入射照在了黑板上，发生了镜面反射，从而大家接收到了更多窗外反射而来的光线，掩盖了黑板上粉笔字所产生的漫反射，导致大家看不清黑板上的内容。

当光照射在物体表面时，除了有部分光被反射回来，还有可能有部分光会穿过表面，进入物体内部，此时，会发生光的折射现象。根据上述折射定律，入射角和折射角并不相同，所以就产生了各种有趣的光学现象。

当我们把铅笔插入水杯中时，铅笔的上半部分处于空气中，而下半部分处于水中。由于水和空气的折射率不相同，所以铅笔的上半部分和下半部分以不同的角度进入眼睛中，就会看到铅笔弯曲的现象。当渔民们捕鱼时，需要瞄准鱼偏下的位置叉下去，才能叉到鱼，如果直接对着鱼叉下去，那就只能叉空了。这也是因为光的折射效应，所以渔民看到的其实是鱼在水中的虚像，并不是鱼真实的位置。

图 3-5 光的折射

光的负折射

为了更自由地操控光的传播，人们已经不满足于以上常见的折反射现象了，而想办法将其推广到更自由的维度中。从折射定律公式中，我们可以看到，入射角 θ_1 大于 0°，因为入射和折射介质的折射率 n 均大于 0，即 $n_1, n_2 > 0$ 所以折射角 θ_3 必定大于 0°，也就是入射光线和折射光线必定分居在法线两侧，即正常折射。

而为了实现入射光线与折射光线分居法线同侧，即异常折射现象，则需要让折射介质的折射率小于 0，也就是 $n_2 < 0$。一般我们将折射率小于 0 的介质材料称为负折射材料。

图 3-6 左：负折射率超构材料。右：正折射率普通材料 / Dolling et al.（Optics Express）

负折射材料发展历史

负折射材料的发展已经有几十年的历史，其起源可以追溯到1968年苏联物理学家Veselago提出的左手材料。他从麦克斯韦方程组出发，研究了当介质的介电常数和磁导率都为负数时，电磁波在其中传播的规律，发现其传输规律与我们传统认知中电磁波的传输规律完全不同，从而提出了左手材料的新概念。但受限于当时的制备工艺，这一概念仅停留在理论假说阶段。1999年，英国帝国理工大学Pendry教授通过周期性介质开口环构造负磁导率材料，满足了验证Veselago所提出的左手材料假说的必要条件。

2001年，美国加州大学圣地亚哥分校Smith教授在《科学》杂志上发表的论文，验证了在微波频段下左手材料的存在并首次在实验室实现介电常数和磁导率同时为负的左手材料。但是该实验结果也受到了一部分科学家的质疑。2005年，Smith教授提出了基于网络参数反演超材料等效介电常数和等效磁导率的计算方法，进一步促进了左手材料的应用推广。2011年，哈佛大学Capasso教授领导的研究团队提出了广义斯涅尔定律，极大提高了超材料光学元器件的设计自由度，从而掀起了超材料结构的研究热潮。

至今超材料的研究已经扩展到了各个领域，从超构透镜到全息成像，从光探测领域到光通信领域，超材料都有着巨大的应用前景。

光的负折射原理

了解了光的负折射现象之后，大家自然产生疑问，这种负折射材料是怎么产生的呢？在自然界，至今未发现存在天然负折射材料。但是得益于目前纳米

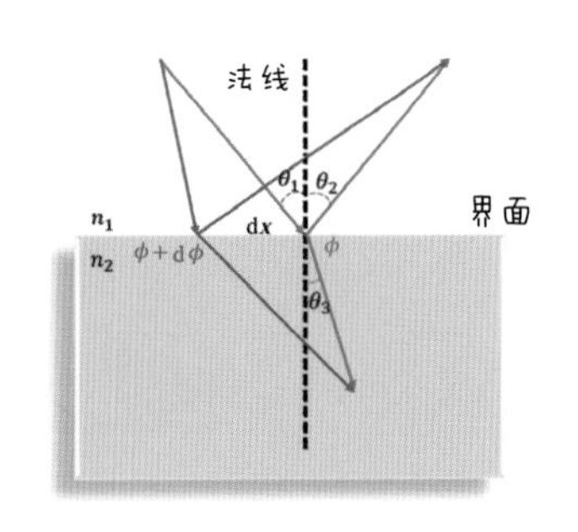

图3–7 广义斯涅尔定律

图 3-8 负折射材料发展历史

技术的发展，通过在材料表面构造微纳结构，可以人为调控入射光的振幅相位，达到负折射效果。微纳结构的尺寸一般和光波长相当，在几百纳米到几微米之间，也可称为超表面结构。这种通过引入微纳结构改变入射光相位的情况，可以根据广义斯涅尔定律得到：

$$\sin\theta_2-\sin\theta_1=\frac{\lambda_0}{2\pi n_1}\frac{\mathrm{d}\phi}{\mathrm{d}x}\qquad n_2\sin\theta_3-n_1\sin\theta_1=\frac{\lambda_0}{2\pi}\frac{\mathrm{d}\phi}{\mathrm{d}x}$$

通过在界面引入微纳结构，从而调控上式中的光相位梯度 $\mathrm{d}\phi/\mathrm{d}x$，可以在界面处形成异常的折射角和反射角。一种人造的负折射率材料就形成了。

超构透镜

那这种负折射材料能进入我们的日常生活中吗？答案当然是肯定的。在我们日常生活中，最为常见的一种光学元器件就是光学透镜，一般可以分为双凸透镜、平凸透镜、双凹透镜、平凹透镜等。这些光学透镜承担着将光线会聚或发散等作用。我们经常玩的放大镜就是凸透镜，凸透镜的中间厚边缘薄；而患有近视眼的同学佩戴的眼镜就是凹透镜，凹透镜中间薄边缘厚。

图 3-9 放大镜和眼镜

要想实现对平行光的会聚或发散，基本都需要有一个面为曲面。如果两面都是平行的平面，并不会改变光的传播方向。

以光会聚为例，一束平行光经过凸透镜后汇聚在透镜焦点处。这个会聚过程可以理解为，一束平面波被透镜转换为球面波的过程。平面波被会聚到焦点的过程可以看成光源在焦点处，向外辐射球面波。

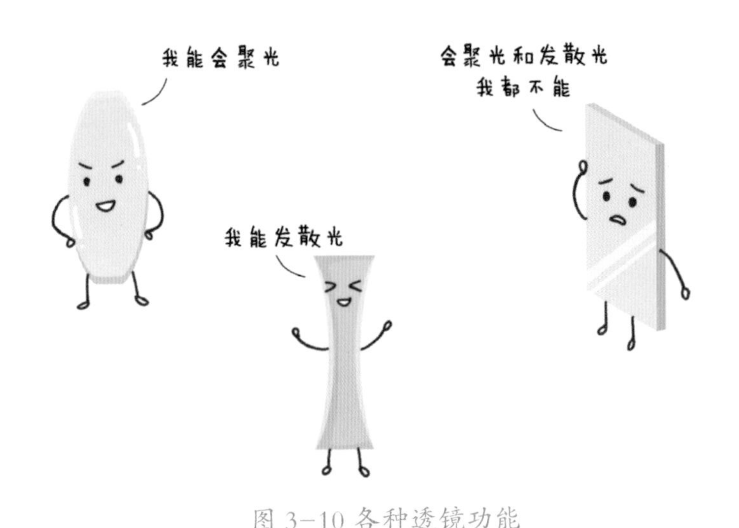

图 3-10 各种透镜功能

如图 3-11 所示，在平面波中，等相位面为垂直其传输方向的平面，在等相位面上的点相位相等。而在球面波中，等相位面为球面，该等相位面也垂直其传输方向。

从而我们可以很好地理解凸透镜中曲面的作用，即改变传输光的等相位面轮廓，将其由平面转化为曲面。

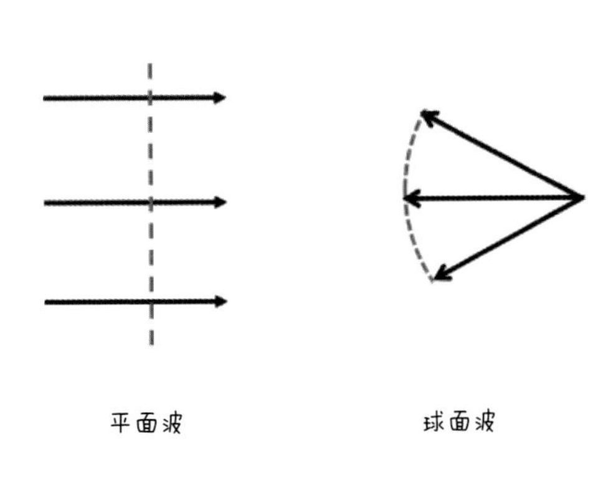

图 3-11 平面波和球面波的等相位面

那这个过程是如何实现的呢？我们知道，凸透镜是中间厚、边缘薄的一种透镜，光在透镜中间走的路程和在边缘走的路程是不同的。即图 3-14 中光线 1 和光线 2 走到凸透镜右侧轮廓的路程是不相等的，光线 2 多走了一部分，从而导致光线 2 的相位比光线 1 相位大。为了弥补这个由于透镜厚度不同带来的相位差，光线 1 需要多走一部分路程，才能达到和光线 2 相同的

图 3-12 发散光 /WIKIPEDIA

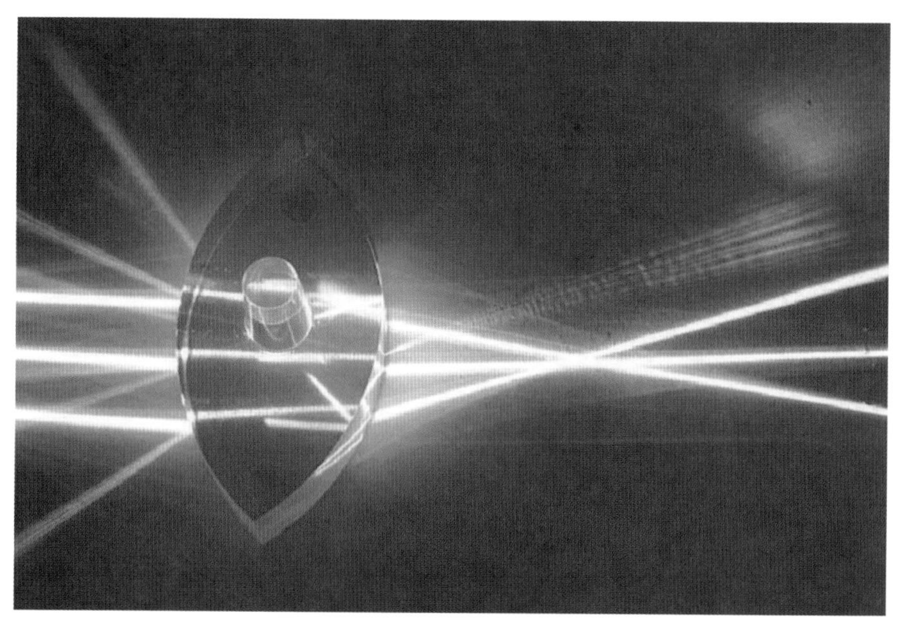

图 3-13 会聚光 /WIKIPEDIA

相位，即从 A 点走到 B 点，而之所以光线向下偏折则是由于光的折射导致，这一系列过程就完成了等相位面从透镜左侧平面到右侧曲面的转换，也完成了平行光会聚的过程。

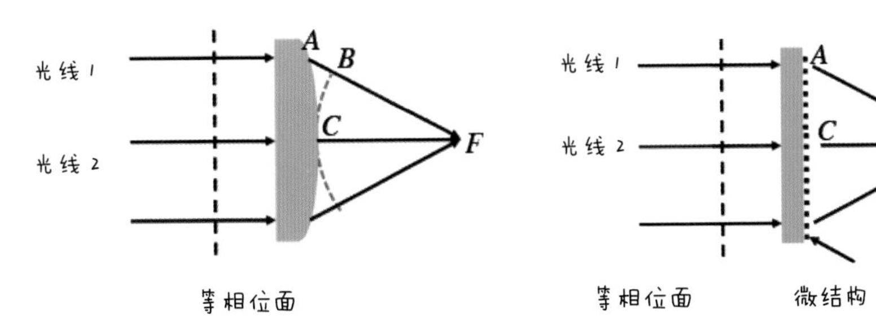

图 3–14 传统凸透镜会聚过程　　图 3–15 超透镜的会聚过程

当然，单片透镜能发挥的效果有限，将不同的透镜按照一定规律排列设计，可以得到很多光学器件，例如照相机镜头、望远镜、显微镜、投影仪等。而多个不同厚度和材质的曲面透镜组合在一起，就导致成像系统体积过于庞大，复杂度高。

利用负折射材料构造的超透镜最大的优势就是可以不需要依靠曲面而完成光的会聚、发散、旋转等操作。它打破了传统透镜依靠曲面厚度调节相位的限制，通过在平面上刻蚀微小的纳米结构，可以人工操控光在该点处的相位大小。

同样以光的会聚过程为例，如图 3–15 所示，平面波在超透镜左侧传播时一直保持平面波的形态，其相位面也一直为平面，而当遇到微结构时，不同的微结构大小将产生不同的相位变化，即光线 1 和光线 2 在分别传播到 A 点和 C 点时，由于微结构尺寸不同导致产生的相位变化不同，所以 A 点和 C 点相位不再相等。如果合理控制 A 点和 C 点处微结构的尺寸大小，使之产生的相位差与图中 A，C 两点的相位差相等，即可完成平行光的会聚过程。当然，也可以按照自身需求去合理设计微结构的大小和位置，从而产生光的会聚、发散、定向偏转、全息成像、偏振成像等诸多功能。

超薄成像系统——“双面神”薄饼相机巧妙地利用了超构表面偏振调控以及透反射同时调控的能力，有效地压缩了成像系统的工作距离，有望替代传统的体块折射型透镜，使我们的摄影机更加轻盈便携。

随着大数据时代信息处理需求的不断增长，高容量的信息系统成为光子集成电路的一大发展趋势。集成超构表面调控庞加莱光束可为大容量光通信系统、高维量子纠缠等提供有效的解决方案。

超构透镜的大色差效应发展出无机械移动的光谱变焦和层析技术，实现了对生物细胞的显微立体层析成像，展示了超构透镜在高集成、高稳定的成像系统方面巨大的应用潜力。

目前负折射材料的制备还较为困难，所以在人们的生活中还未得到广泛的应用。但是由于其独特的光学特性，其在平面透镜、隐身斗篷、雷达天线等领域均具有重大的应用前景。

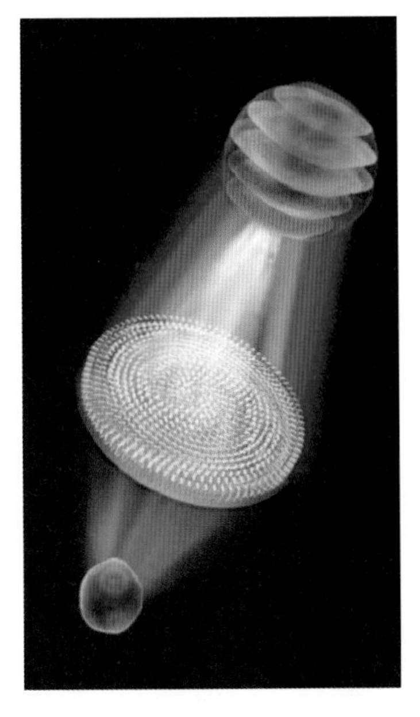

图 3-16 超构透镜针对细胞显微层析成像示意图

图 3-17 “双面神”超构透镜相机成像示意图

图 3-18 超构表面片上调控庞加莱光束

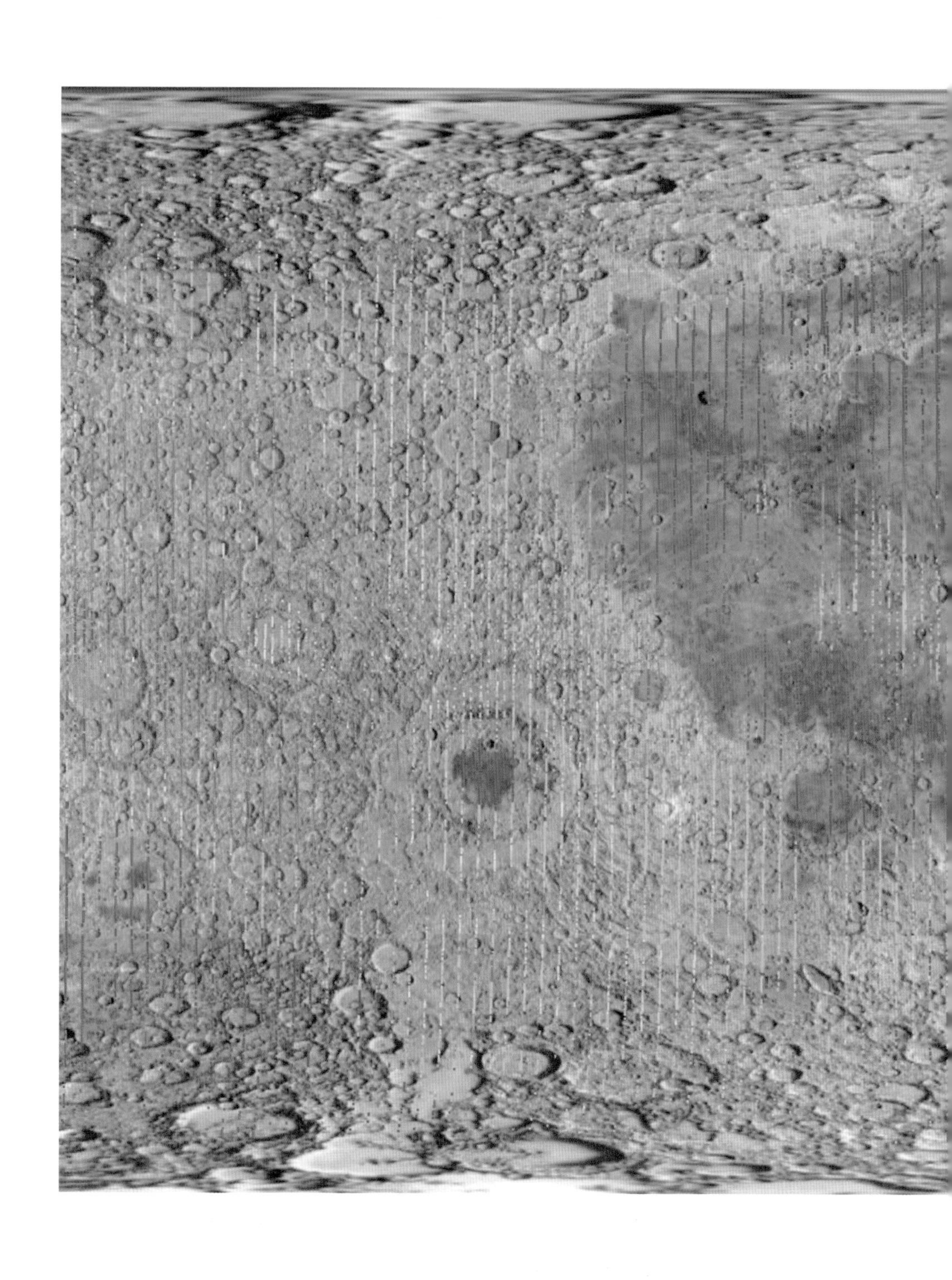

克莱门汀任务对月球地形进行激光雷达测量 / **WIKIPEDIA**

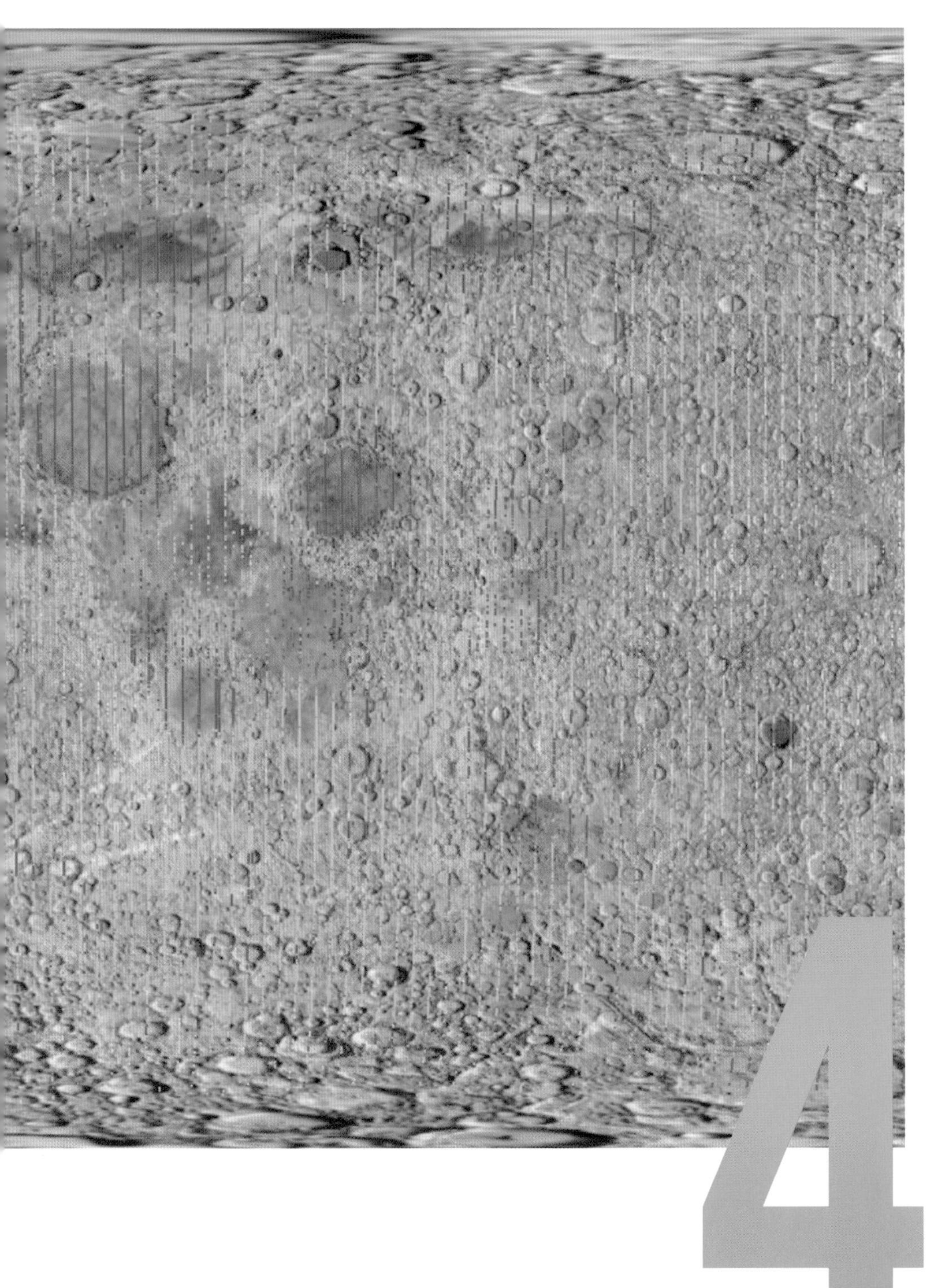

4

激光笔里的“灯泡”

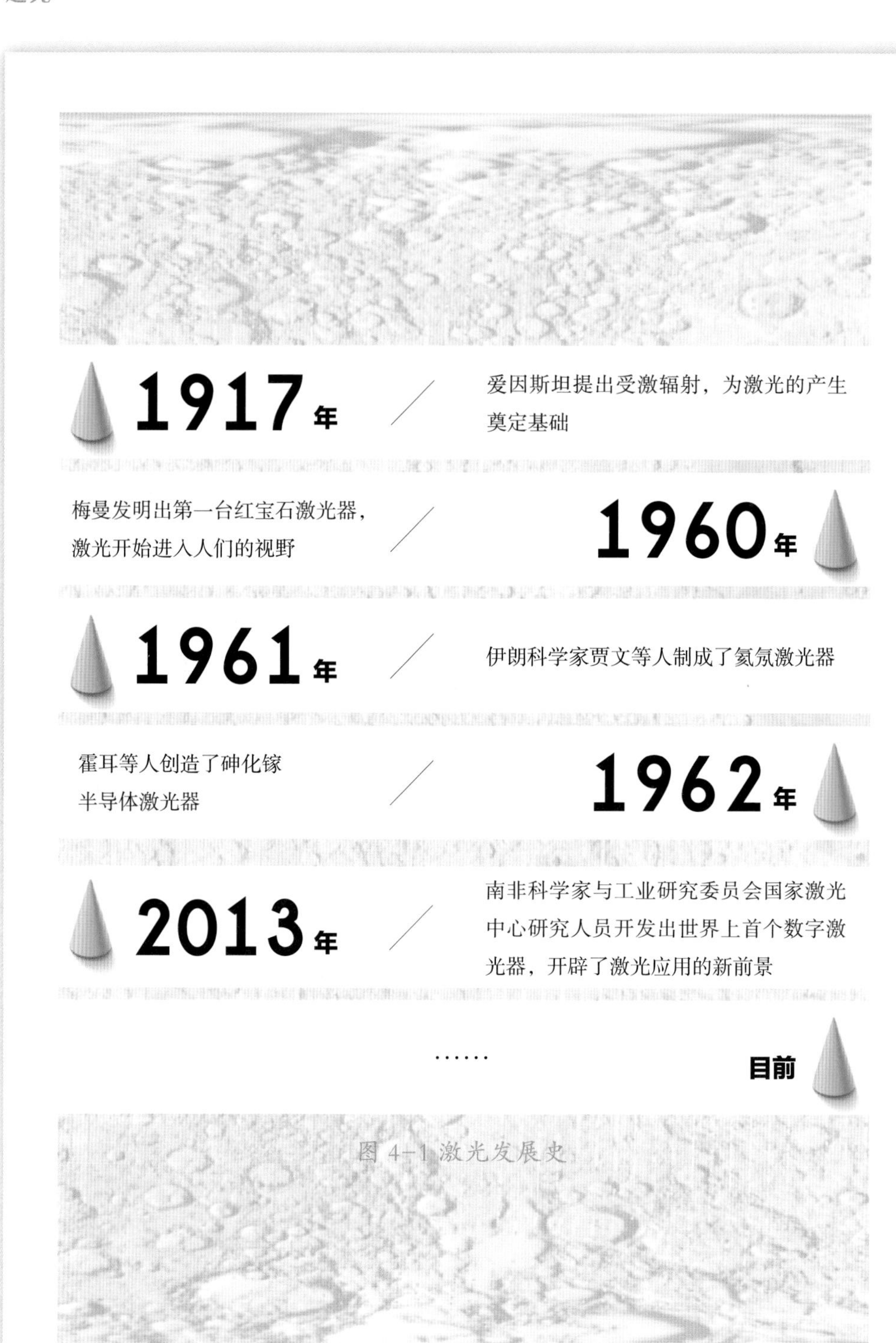
1917年
爱因斯坦提出受激辐射，为激光的产生奠定基础
1960年
梅曼发明出第一台红宝石激光器，激光开始进入人们的视野
1961年
伊朗科学家贾文等人制成了氦氖激光器
1962年
霍耳等人创造了砷化镓半导体激光器
2013年
南非科学家与工业研究委员会国家激光中心研究人员开发出世界上首个数字激光器，开辟了激光应用的新前景
……
目前

图 4-1 激光发展史

激光笔里的“灯泡”

在现代化教学的课堂里，有一个必不可少的教具施展着它的“魔力”，老师不论站在教室的哪个角落里，它都能发出一束笔直明亮的光，亮点精准的出现在老师想让它出现的位置，这就是激光笔。细小的笔身中究竟隐藏着怎样的玄机，能够如此精准地发射光线呢？

图 4-2 从地面射向空中一点处的三条绿色激光束 /WIKIPEDIA

在家里打开照明灯，一盏灯的光亮可以充斥整个房间，而激光笔发出的光却只能照亮一个点。这两束光有什么不同呢？

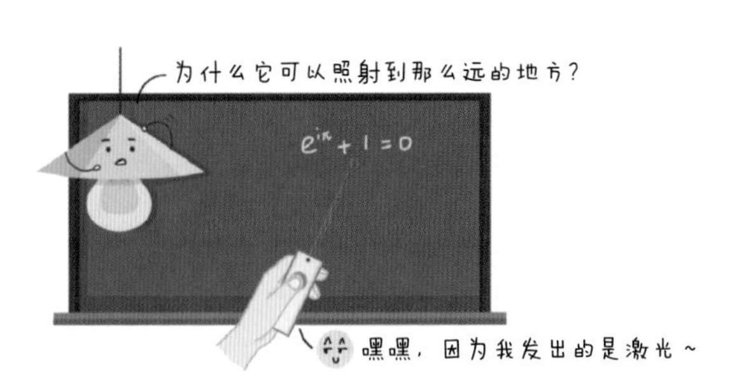

图 4–3 远距离传输的激光

我们常见的激光笔发射出的大多是红色的斑点，有少数是绿色的，但是为什么发射黄色、紫色光斑的激光笔不太常见呢？这是由于激光的波长是固定的，不同的波长又对应着不同颜色的可见光。目前可见光范围内，发射红色激光的技术较为成熟，且红色比较醒目，所以市面上大多是发出红色光斑的激光笔。

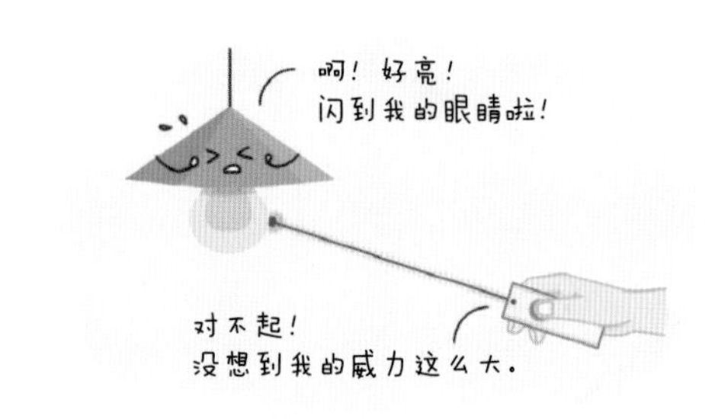

图 4–4 激光的高亮度

光具有沿直线传播的特点，激光作为一种光，也具有这个性质。白炽灯发出的光是朝着四面八方发散的，所以可以照亮相对较大的空间。但是，如果想让光传播到更远的距离，就需要让原先朝着各个方向传播的光聚集到一起，此时可以利用一块中间厚边缘薄的玻璃片，让光线聚焦。

而激光笔不需要这样的玻璃片，也能发射出发散度小、方向性好的光线。此外，激光的方向性好造就了激光的亮度高这一特性，光源不断向同一方向传输能量，亮度都集中在一点上，所以发射出来的光斑小而亮，亮度也比白炽灯要高得多。那激光是怎样产生的呢？这就不得不提我们伟大的物理学家爱因斯坦的故事了。

原子能级跃迁理论

1917 年，爱因斯坦发表的《关于辐射的量子理论》提出了原子能级跃迁理论，为激光器的发明奠定了理论基础。

爱因斯坦的理论阐述了在物质和辐射场的相互作用中，构成物质的原子和分子在某些情况下会发生能级之间的转移。根据是否有外界光子的参与可以分为自发跃迁和受激跃迁，受激跃迁又可以分为受激辐射和受激吸收。

自发跃迁

现代量子物理学中认为原子核外部电子的运动状态不具有连续性，所以能量大小也是不连续的。这些能量值就对应着能级，能量较高的电子排布在高能级上，能量低的电子聚集在低能级上。

图 4–5 高能级电子和低能级电子

自发跃迁就是高能级上的电子自发地向低能级跃迁，并将高能级与低能级之间的能量差转换成蕴含能量的光子发射出来。这些光子的能量和状态都是各不相同的。这个过程产生的光是普通光，而不是激光。

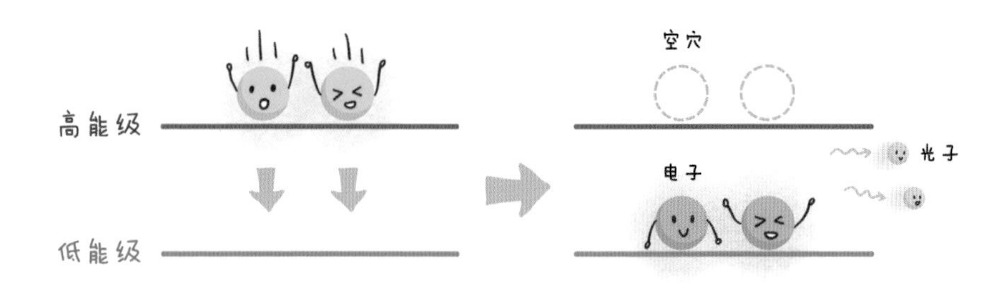

图 4-6 自发跃迁过程

受激辐射

外界入射的光子对高能级上的粒子产生激励，使高能级的电子跃迁到低能级，并释放出与外界激励光子状态完全一致的光子。该过程一直发生并叠加，处于相同状态的光子数也就越来越多，从而实现了对入射光的放大。受激辐射便是激光产生的机理。

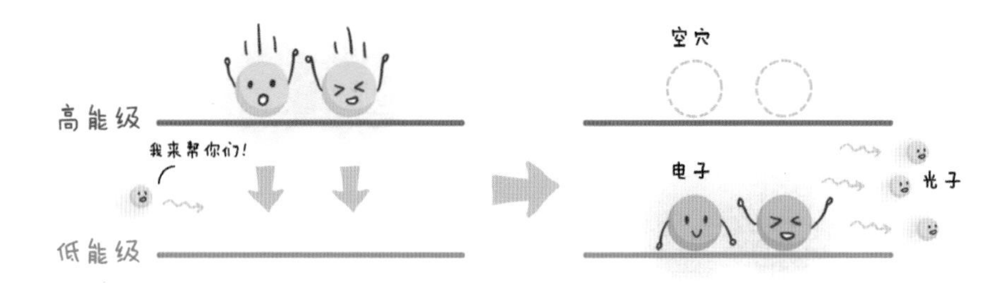

图 4-7 受激辐射过程

受激吸收

低能级上的电子吸收外界光子，转移到高能级上。这一过程中低能级上的电子将光子的全部能量转换成电子能量，完成从低能级到高能级的跃迁，该过程中不向外界释放任何物质。

受激吸收和受激辐射过程都需要外界光子的参与，外界光子只能参

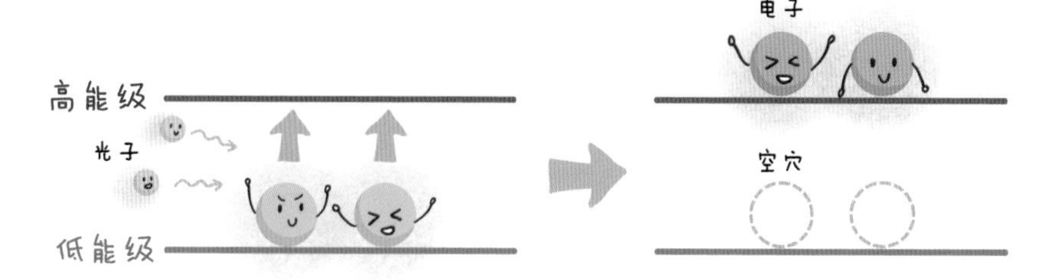

图 4-8 受激吸收过程

与其中一个过程，那么问题来了：外界光子是怎么在两者之间作选择的呢？我们应该怎么做才能使外界光子都去参与受激辐射过程，以此来实现对入射光的放大，发射出激光呢？

实现光放大的条件：粒子数反转

常温下，粒子数分布与能级成反比，能级越高，粒子数越少。这种粒子分布状态我们称为玻尔兹曼分布。

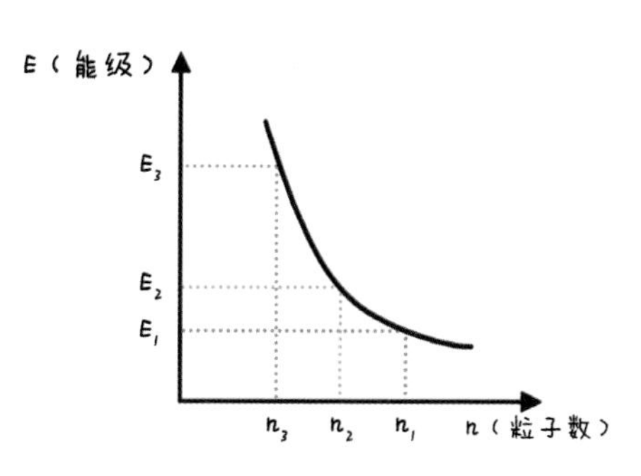

图 4-9 玻尔兹曼分布曲线

在没有外界刺激的情况下，低能级粒子多，而高能级粒子少。一旦有外界光子的输入，拥挤的低能级粒子吸收光子向高能级跃迁，使得受激吸收占主导地位。但是，想要让受激辐射占主导地位，就要让高能级上的粒子数增多。高能级的粒子增多后比较活跃，就迫切的想要回到按照玻尔兹曼规律分布的稳定状态。此时外界光子入射，高能级上的粒子跃迁到低能级，并发射出光子，完成受激辐射过程。随着受激辐射发射的光子数目的累积，实现对入射光的放大。

这样一个让高能级上粒子数增多的过程被称为粒子数反转，这是让受激辐射占主导地位的重要条件。怎样实现粒子数反转，为受激辐射创造条件，这就和激光笔里的小零件相关了，让我们一起来看看它们在激光笔中发挥着怎样的作用吧！

激光笔的构造

通过以上的描述我们已经了解了激光产生的基本原理，可是激光笔里究竟有哪些结构，它们各自负责怎样的工作，是怎么协同配合，最终发射出激光的呢？泵浦源、增益介质、谐振腔，作为激光器的三要素，各司其职，环环相扣，产生激光。

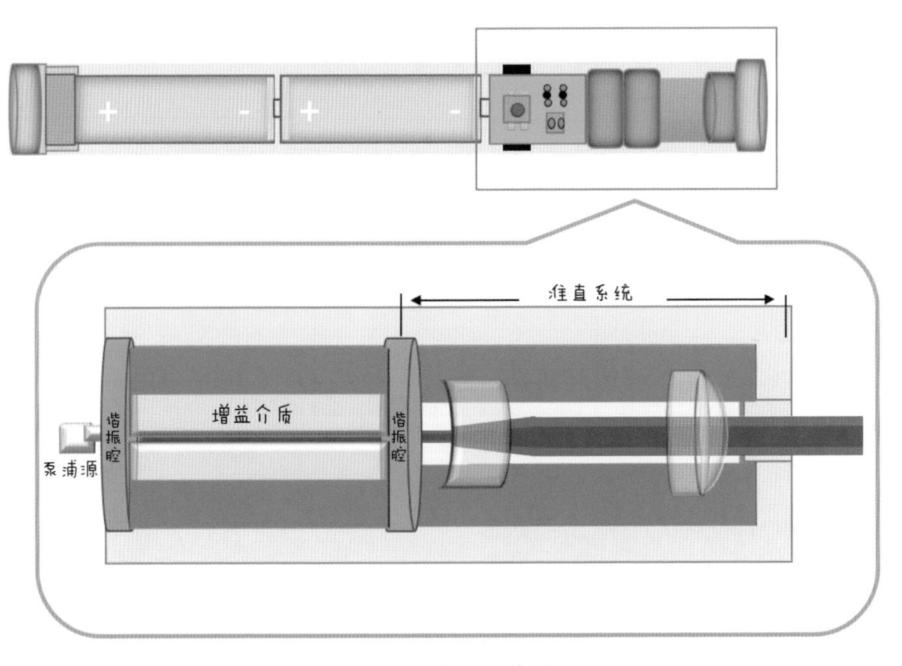

图 4-10 激光笔的内部构造图

泵浦源

在前文中提到粒子数反转是实现光放大的条件，泵浦源为低能级粒子转移到高能级提供能量。最常见的就是利用电学方式，注入电流将电能转化为粒子的能量，实现粒子数反转。除了电学方式，还可以通过光学方式，例如使用闪光灯、其他激光器等，提供受激辐射所需能量。

增益介质

增益介质是完成粒子数反转的物质，增益介质内部的粒子从低能级跃迁到高能级再回到稳定状态释放光子。增益介质像一个中转站，实现泵浦源能量到光能的转化。增益介质的状态可以是固态、气态或液态，最常见的就是氦气和氖气组成的混合气体，氦氖激光器中的增益介质主要就是由这两种气体组成的。

谐振腔

谐振腔的作用就像在增益介质的两侧分别放上了一面镜子，使得受

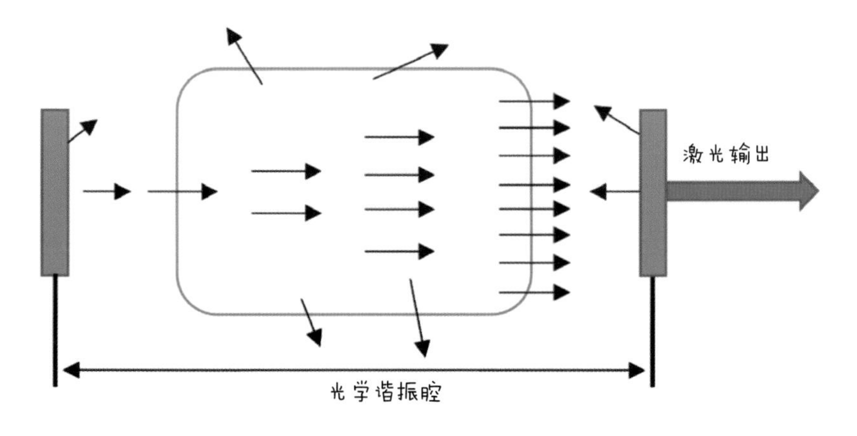

图 4-11 谐振腔对光子的选择

激辐射过程中释放出的光子碰到腔壁后又反弹回去，沿反方向运动。之后光子就在这两个平面镜之间往返，而光子又可以作为新的激励源，刺激增益介质产生更多状态相同的光子，加速光放大过程的实现。

同时，受到自发辐射等其他效应的影响，物质本身也会产生其他状态的光子。但是，这些光子的运动方向与谐振腔的腔镜之间的夹角不垂直，会被谐振腔反射出腔外，无法参与接下来的过程。所以谐振腔对光子状态具有选择作用。

现在大家知道了吧，其实激光笔里面并没有灯泡。激光笔发射的光束看似微弱，其实蕴藏着巨大的能量。大家在接触激光笔时千万不要用激光去照射同学们的眼睛哦，可能短短的一秒钟就会对身体造成无法恢复的伤害。

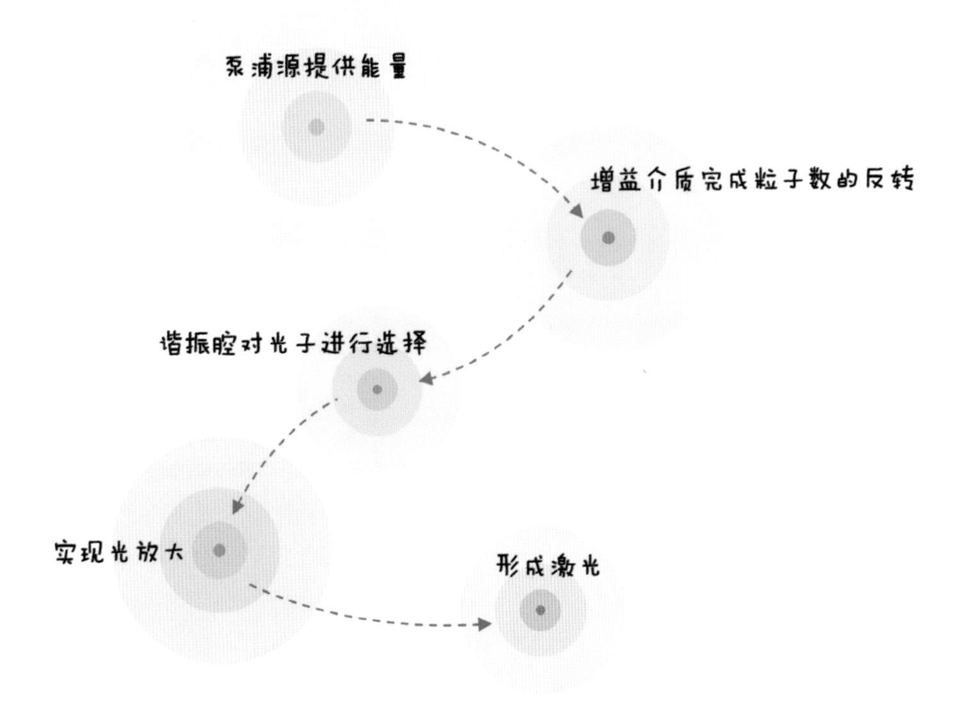

图 4-12 激光笔发出激光的过程

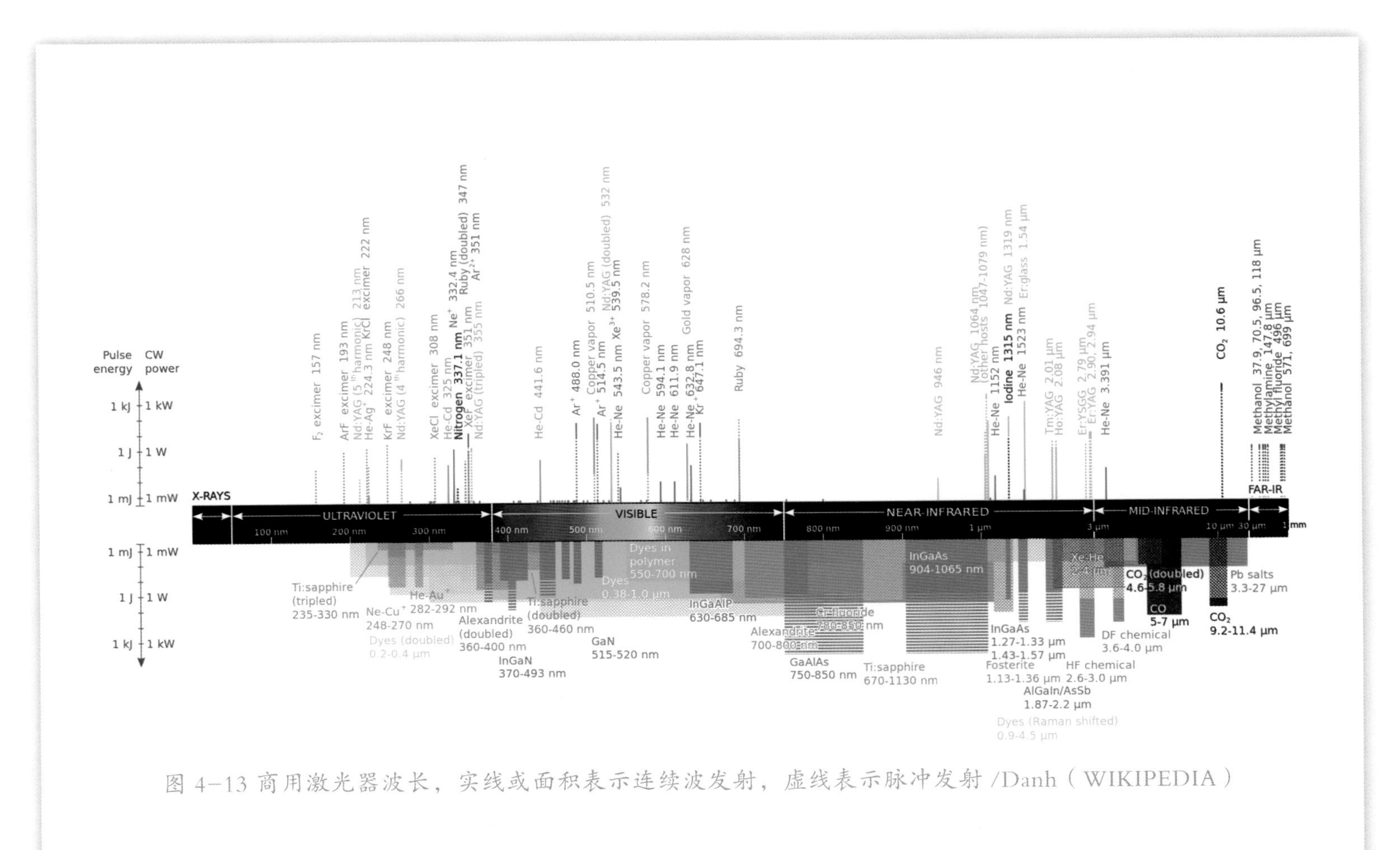

图 4-13 商用激光器波长，实线或面积表示连续波发射，虚线表示脉冲发射 /Danh（WIKIPEDIA）

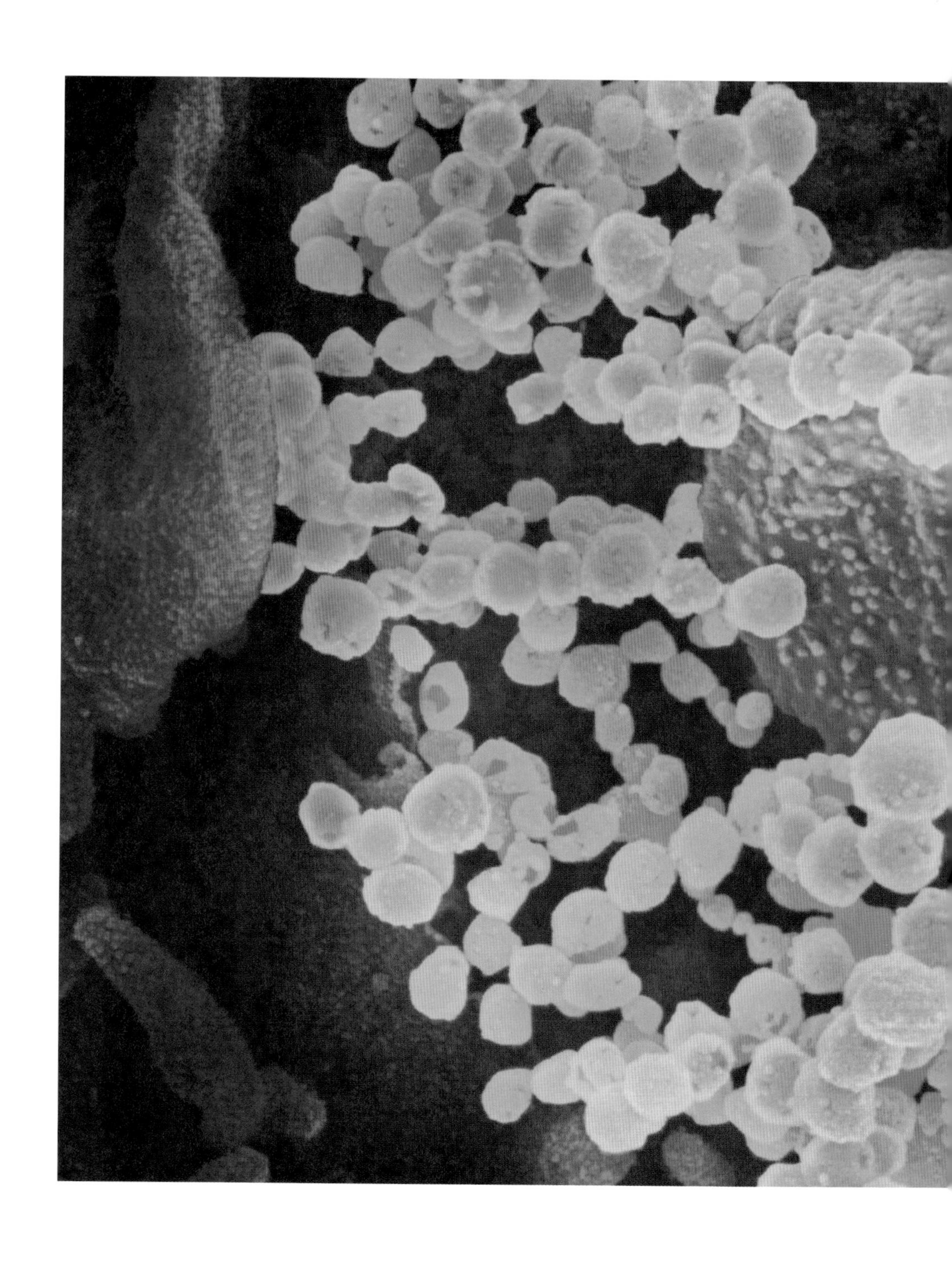

扫描电子显微镜下的 SARS-CoV-2（2019 新型冠状病毒，圆形金色物体）图像
/ NIAID-RML

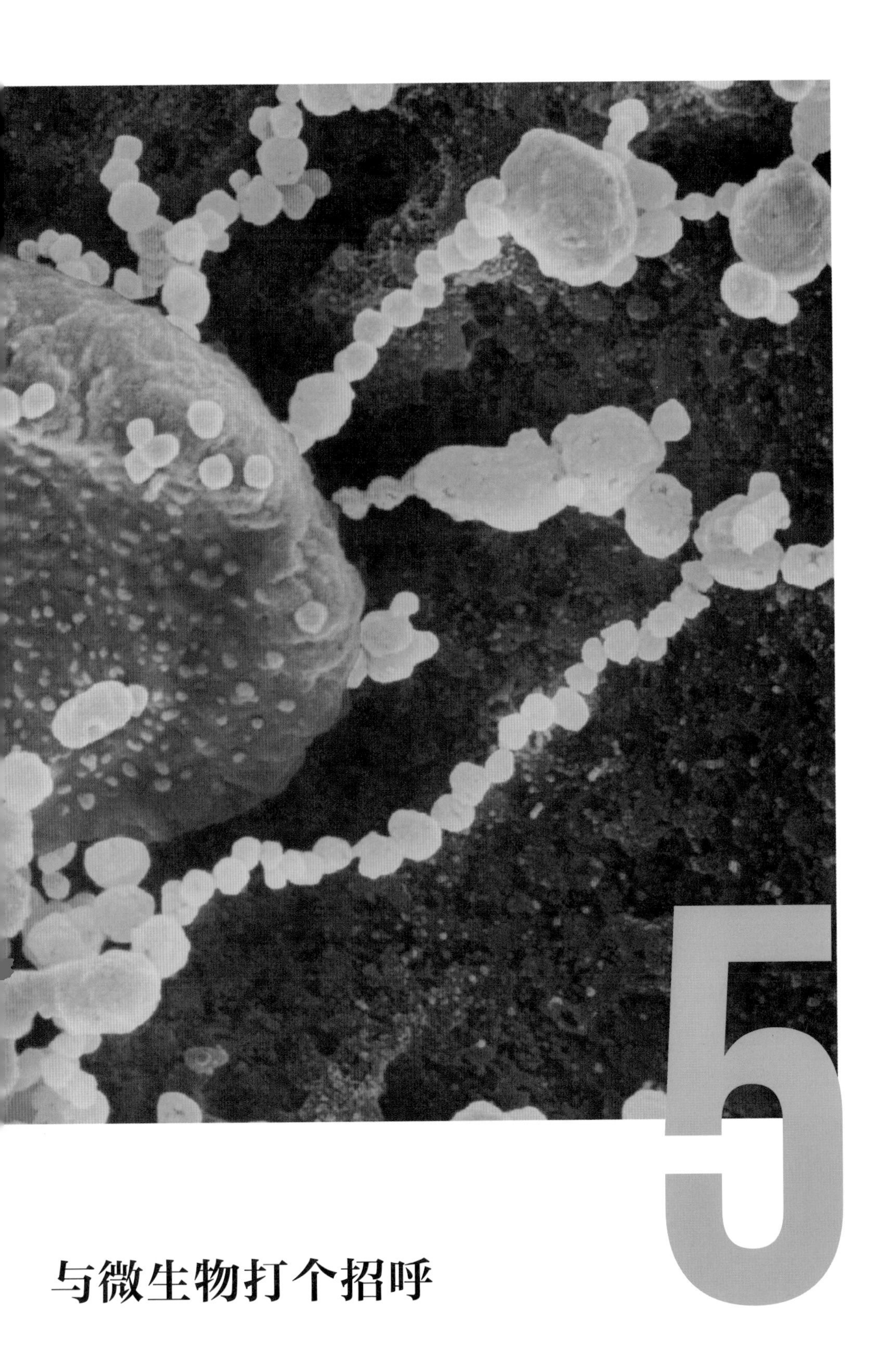

5

与微生物打个招呼

与微生物打个招呼

当我们惊叹于鲸鱼、大象庞大的身姿时，感慨小小的蚂蚁也可以分工协作时，有没有思考过，是否还有一些我们看不见但是确实存在的生物呢？答案是有的，那就是微生物。微生物是指个体微小，必须借助于显微镜才能看清它们外形的一群微小生物，如细菌、病毒和真菌等微生物群体。

但是，今天的主人公不是这些小巧的微生物，而是带领我们探索微观世界的眼睛，通往微观世界的金钥匙——显微镜。

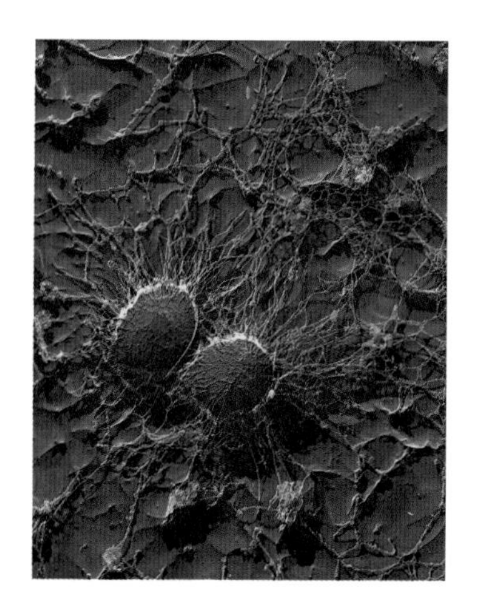

图 5-1 由透射电子显微镜拍摄的葡萄球菌细胞，放大倍数为 50000 倍 / WIKIPEDIA

首先我们简单地认识下“显微镜”同志。显微镜是一种使用光学原理放大微小物体的仪器。它由物镜和目镜组成，并通过调整焦距和样品位置，将放大的虚像映入眼中，让我们能够看到肉眼无法看到的微小结构和细节。显微镜现在已广泛应用于医学、生物学、材料科学等领域。了解了这些，让我们一起进入显微镜的世界看看吧。

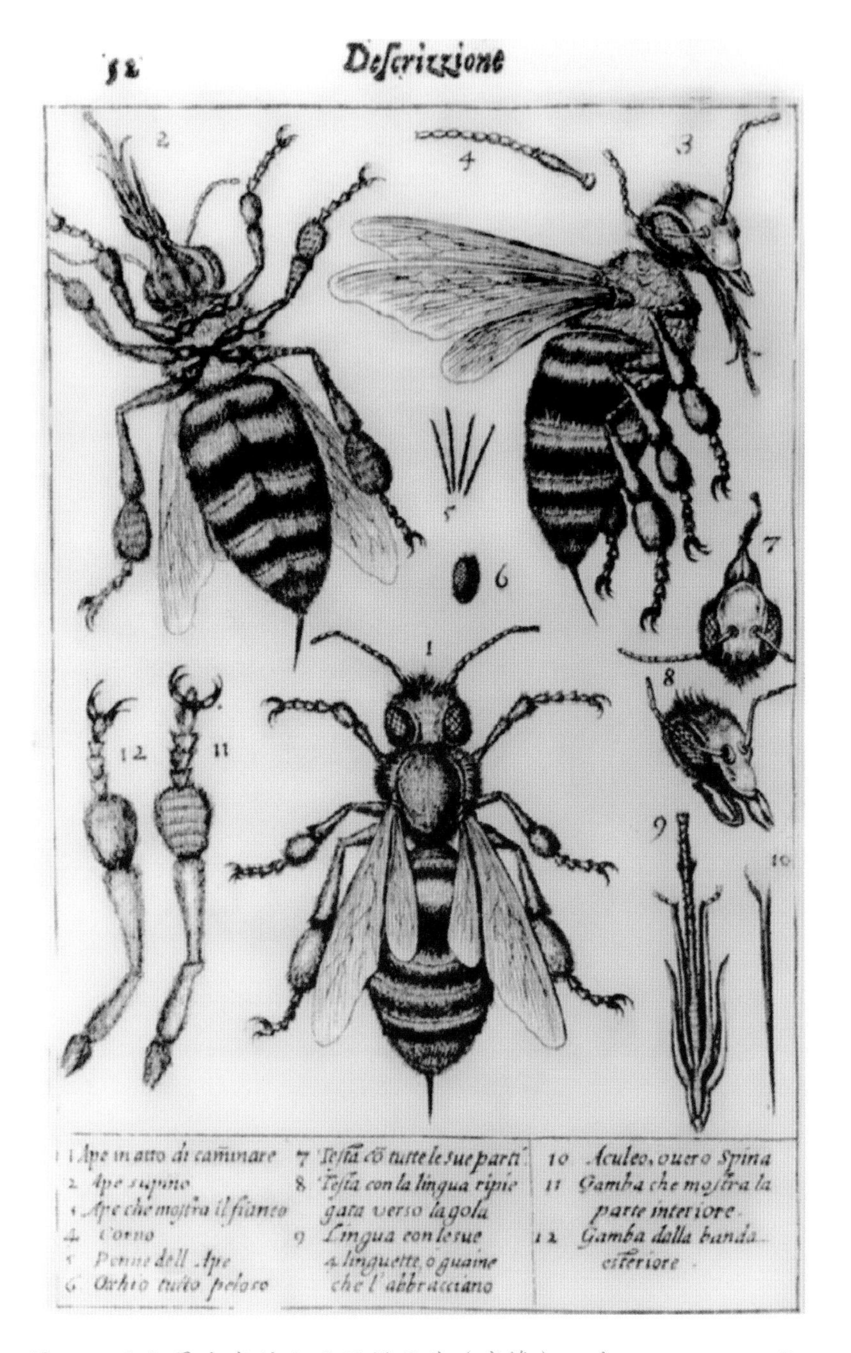

图 5–2 已知最古老的公开显微照片（蜜蜂），由 Francesco Stelluti 于 1630 年发表

公元十三世纪以前 / 凸透镜、凹透镜

玻璃制成的眼镜片 / 公元十三世纪

公元十六世纪末 / 詹森——第一台复式显微镜

列文虎克——凸透镜镜头 / 公元十七世纪末

公元十八、十九世纪 / 光学显微镜不断地被完善，分辨率提高

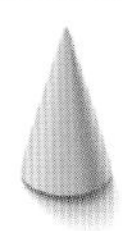

第一台透射电子显微镜 / 1932年

1938年 / 第一台扫描电子显微镜

第一台扫描隧道显微镜 / 1981年

图 5-3 显微镜的发展历史

显微镜的成像原理

了解了显微镜的发展历史，那你是否好奇显微镜放大的奥秘呢？在这里我们讲下实验室常用的光学显微镜。

实验室光学显微镜是由多个部分组成的，其中主要包括：

物镜（Objective）：物镜是光学显微镜中最重要的组件之一，它负责放大样品图像。实验室光学显微镜通常配备有多个物镜，每个物镜的放大倍数不同，可以用于不同的实验需要。例如，低倍物镜可用于观察大型样品，高倍物镜则可用于观察细小的结构和细胞。

目镜（Eyepiece）：目镜是光学显微镜中另一个重要的组件，它通常被安装在顶部，用于放大通过物镜观察到的图像。实验室光学显微镜

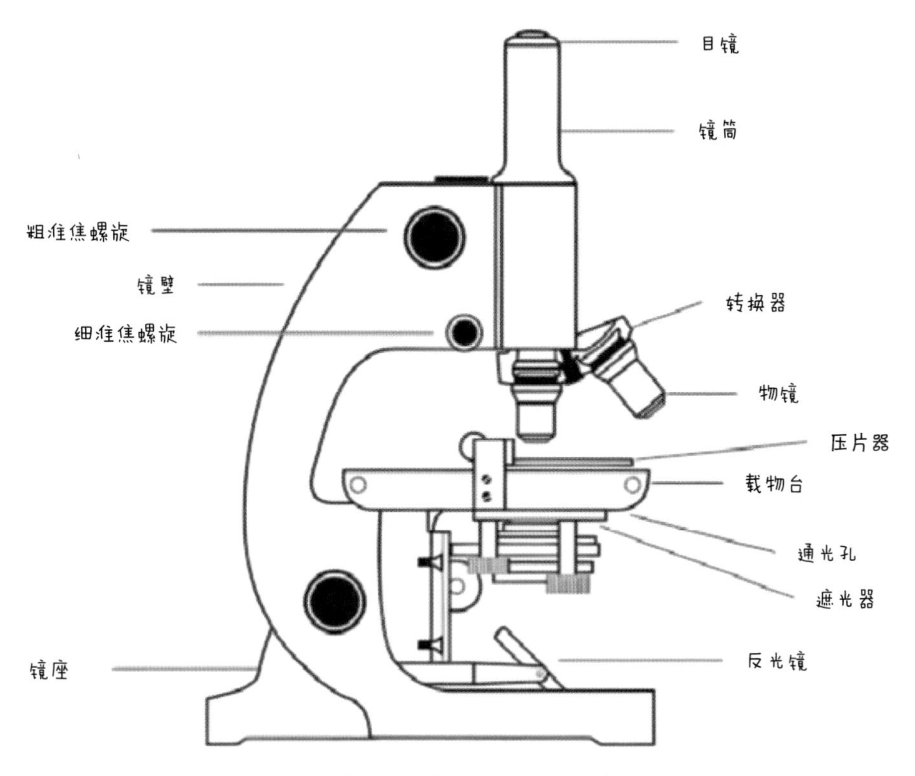

图 5-4 实验室常用光学显微镜结构

的目镜也具有不同的放大倍数，可以根据需要选择合适的目镜来观察图像。

旋转台（Stage）：旋转台是用于放置样品的平台，它可以通过旋转和移动来调整样本的位置和方向。一些实验室光学显微镜还配备了机械旋转台，可以通过旋转操作来调整样品位置。

调焦机构（Focusing mechanism）：调焦机构用于控制物镜和样品之间的距离，以便调整成像的焦距。实验室光学显微镜通常配备了粗调焦和细调焦机构。粗调焦可以大致地调整样品的成像，然后再用细调焦来更精确地调整，使样品更清晰地落入视野中。

显微镜和放大镜的作用原理是一样的，是将近处的微小物体投影出放大的像，使人眼能够观测到。只是显微镜能比放大镜具有更高的放大率而已。成像时，物体位于物镜前方，距离物镜的距离在物镜的焦距和两倍物镜焦距之间。因此，经过物镜后，物体必然形成一个倒立且放大的实像。这个实像再经过目镜放大，变成虚像供眼睛观察。目镜的作用类似于放大镜，但不同的是，通过目镜看到的并不是物体本身，而是物镜已经放大一次的虚像。

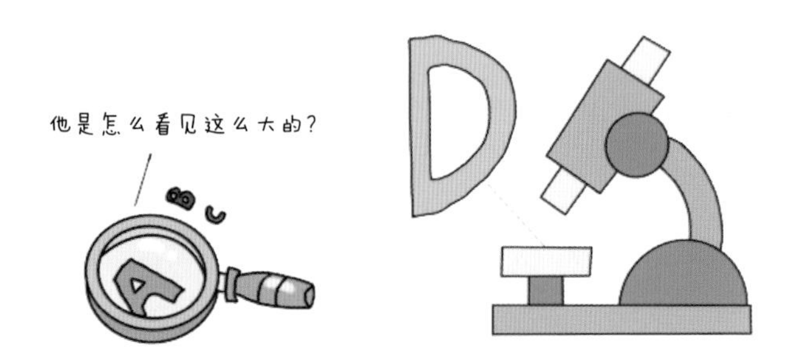

图 5-5 显微镜与放大镜

如下图所示，AB 是物体，A_1B_1 是物镜放大的实像，A_2B_2 是目镜放大图像，F_1 是物镜焦距，L 是物镜后焦点与目镜前焦点之间的距离，D 是人眼的明视距离。

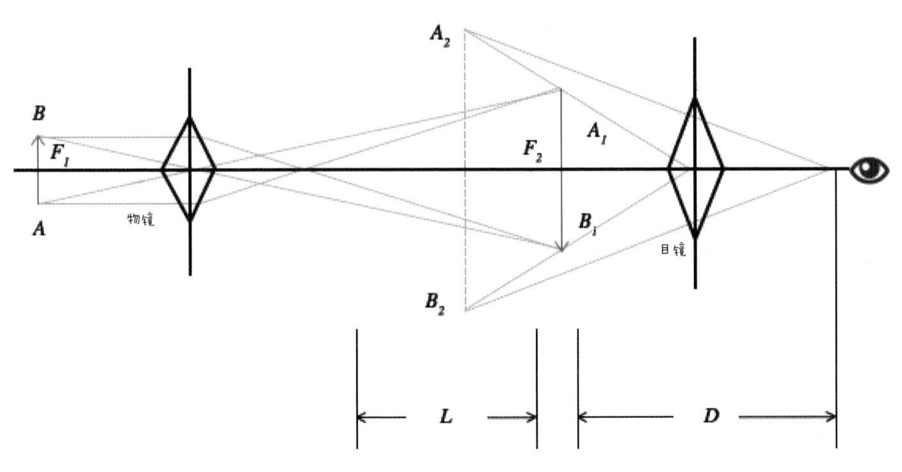

图 5–6 实验室常用光学显微镜结构图

光学显微镜的使用流程

1、转动粗准焦螺旋，调整物镜与载物台的距离，将标本固定好，确保将要观察的试样移至载物台中央，让通光孔在样品正下方。

2、调换不同放大倍率的物镜，调整细准焦螺旋，直到看清图像为止（要慢慢调整哦，不然物镜与试样会发生碰撞）。倍数不够就再调整物镜，微调细准焦螺旋，逐渐放大图像，直到图像清晰可见。

3、调节两瞳孔间的距离，一边用双眼在目镜中观察，一边用双手握住两个目镜管的调整螺旋，前后或左右移动，直到双眼看到一共同视野。

4、实验结束后，要整理试验台，把实验样品放置到指定地点，清理好显微镜上的灰尘污渍，然后将显微镜各部分拆卸并妥善包装。

注意：显微镜很娇气的，要轻拿轻放，尤其是目镜、物镜部分，是显微镜的核心部件，也是最易碎的部件。

了解了实验常用的光学显微镜，接下来让我们再看看它们的升级版吧！

酷炫的“PLUS”版显微镜

（1）透射电子显微镜

透射电子显微镜（Transmission Electron Microscope, TEM）是一种高分辨率的显微镜，利用电子束穿透样品来获取图像。

TEM 的原理是通过一束电子束，穿过待观察的样品，被一个电子透镜系统聚焦到像平面上形成影像。因为电子具有比光子更短的波长，所以 TEM 可以达到比光学显微镜更高的分辨率，通常可以观察到纳米级别的细节。

TEM 有许多应用，例如在材料科学中，可以通过 TEM 观察材料的晶体结构、原子排列和界面特征，从而研究材料的性质。在生物科学中，TEM 可以用于观察细胞和分子的结构，帮助科学家了解细胞和生物分子的功能和组成。虽然 TEM 具有高分辨率和多种应用，但它也有一些缺点。例如，样品制备过程需要耗费大量的时间和精力，而且在观察过程中，电子束对样品的损伤可能会对结果产生影响。

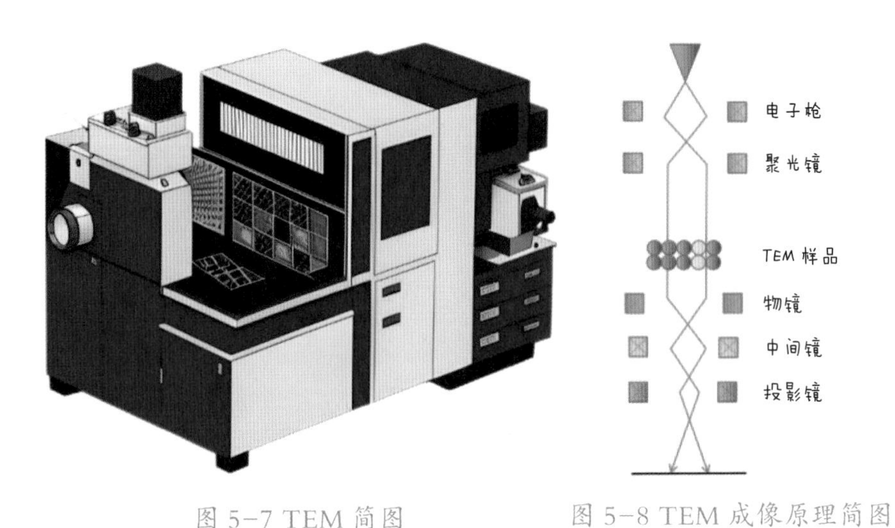

图 5-7 TEM 简图　　图 5-8 TEM 成像原理简图

1931 年

德国物理学家 Knoll 和 Ruska 成功制造出第一个电子显微镜，但是该仪器只能观察物体的表面形貌

Ruska 发明了透射电子显微镜的概念，并与同事 Borries 合作制造出第一台实验原型

1939 年

西门子生产出第一台商用电子显微镜

随着电子技术的进步，电子束聚焦和干涉仪的改进，透射电子显微镜的分辨率不断提高，已经可以观察到纳米级别的结构

20 世纪 50 年代到 60 年代

透射电子显微镜的应用领域不断扩大包括材料科学、生物学、医学等

20 世纪 90 年代至今

随着计算机和数字成像技术的发展，透射电子显微镜的分辨率和成像质量得到了极大提升，已经成为研究纳米级别材料结构和微观生物学结构的重要工具

图 5-9 TEM 发展历史

图 5-10 第一部实际工作的 TEM/WIKIPEDIA

（2）扫描电子显微镜

扫描电子显微镜（Scanning Electron Microscope，简称 SEM）是一种利用电子束来观察样品表面形貌和结构的高分辨率显微镜。与传统光学显微镜不同，SEM 使用电子束而不是光束，能够获得更高的放大倍数和更高的分辨率，使其在纳米尺度下观察样品成为可能。

SEM 的基本工作原理是通过将电子束聚焦到极小的尺寸，并让电子束在样品表面扫描，与样品表面相互作用后，收集生成的二次电子、反射电子、散射电子等信号，并通过信号处理和图像重建，形成样品表面形貌的图像。新式的扫描电子显微镜的分辨率可以达到 1 纳米，成像效果很好。1 纳米的大小大家可能没有直观的感受，1 纳米等于 10^{-6} 米，相当于一根头发丝的六万分之一大小。

SEM 在科学研究、工程技术等领域具有广泛的应用，可以观察金属、陶瓷、半导体、生物组织等各种样品的表面形貌、粒径、形态、晶体结构、化学组成等信息。同时，SEM 还常常与其他技术如能谱分析（Energy Dispersive Spectroscopy，简称 EDS）等联用，可以进行更加详细的样品分析和表征。

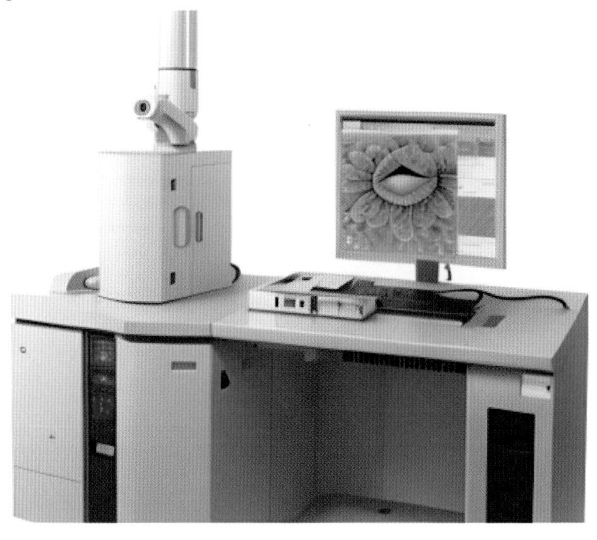

图 5-11 扫描电子显微镜

（3）光激活定位显微技术

光激活定位显微技术是一种生物显微技术，它利用光敏染料或荧光蛋白对生物样品进行标记，并通过激活这些染料或蛋白来实现对生物样品的精确定位。这些染料或蛋白在激活后会发出荧光信号，从而可以在显微镜下观察到。通过控制激光束的位置和强度，可以精确定位生物样品中的特定结构、细胞或分子。

光激活定位显微技术在生物学研究中有广泛的应用。例如，在细胞和组织水平上，它可以用于研究细胞的形态、结构、功能以及细胞内分子的动态过程，如细胞运动、细胞分裂、细胞信号传导等。在神经科学领域，光激活定位显微技术还可以用于研究神经元的连接方式、突触传递、神经元活动等。

图 5-12 定位器

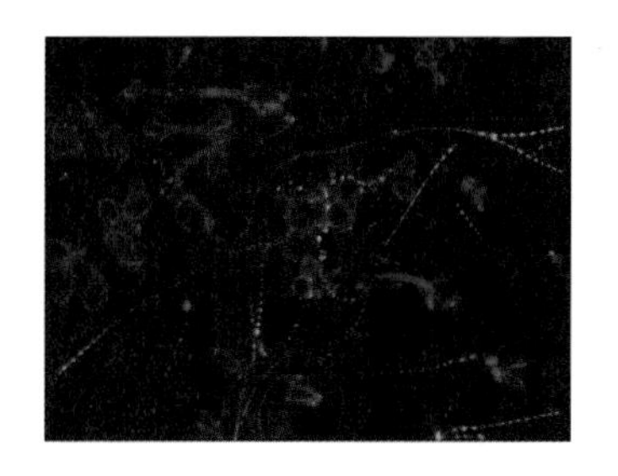

图 5-13 成像效果图

光激活定位显微技术有多种不同的变体，如光激活荧光显微术（PAFM）、光激活局部解离显微术（PALM）、光激活光谱学显微术（PASP）等，它们在光激活方式、探测灵敏度、空间分辨率等方面有所不同，可根据具体研究需求选择合适的技术。

例如，实验时首先随机激活一部分荧光蛋白，再用 488nm 激发光激发荧光，就可以只采集一部分目标分子的荧光信号。完成数据采集后，对这些荧光蛋白进行光漂白直至完全失活，然后再激活另一些荧光蛋白进行定位。重复这个过程，就可以将样品中的所有目标分子定位，将这些原始数据合并，就能得到目标分子的超分辨图像。

红色斑点就是一个个被染上荧光的蛋白哦。

科普小延伸

（1）能谱分析

能谱分析是一种用于材料分析和元素分析的技术，通常与扫描电子显微镜或透射电子显微镜配合使用。EDS 通过检测样品中散射的能量来获得材料中元素的信息。

EDS 利用了样品中元素与入射电子相互作用的特性。当样品受到高能电子束轰击时，样品中的原子会被激发，产生特征的 X 射线。这些 X 射线的能量是与样品中的元素成分相关的，因此通过检测和测量这些 X 射线的能量，可以确定样品中的元素组成。

（2）绿色荧光蛋白

绿色荧光蛋白（Green Fluorescent Protein，GFP）是一种自然存在于某些水母和其他生物体中的蛋白质。GFP 可以在紫外线或蓝光激发下发出绿色荧光，因此在生物荧光成像和分子生物学领域中被广泛应用。

GFP 由 238 个氨基酸组成，具有一个独特的染色体基因结构，可以使其表达在生物体的任何部位。GFP 在实验室中被广泛应用于生物成像、蛋白质表达和分子标记等方面，它不仅可以用作标记物，而且还可以通过光激发来监测生物分子的运动和交互。GFP 被广泛应用于许多领域，包括生物医学研究、生物技术和生物制药。通过将 GFP 与其他蛋白质结合，研究人员可以跟踪和监测这些蛋白质在细胞内的位置和功能。此外，GFP 还可以用于检测环境中的生物物质，例如水中的细菌或植物中的叶绿素等。

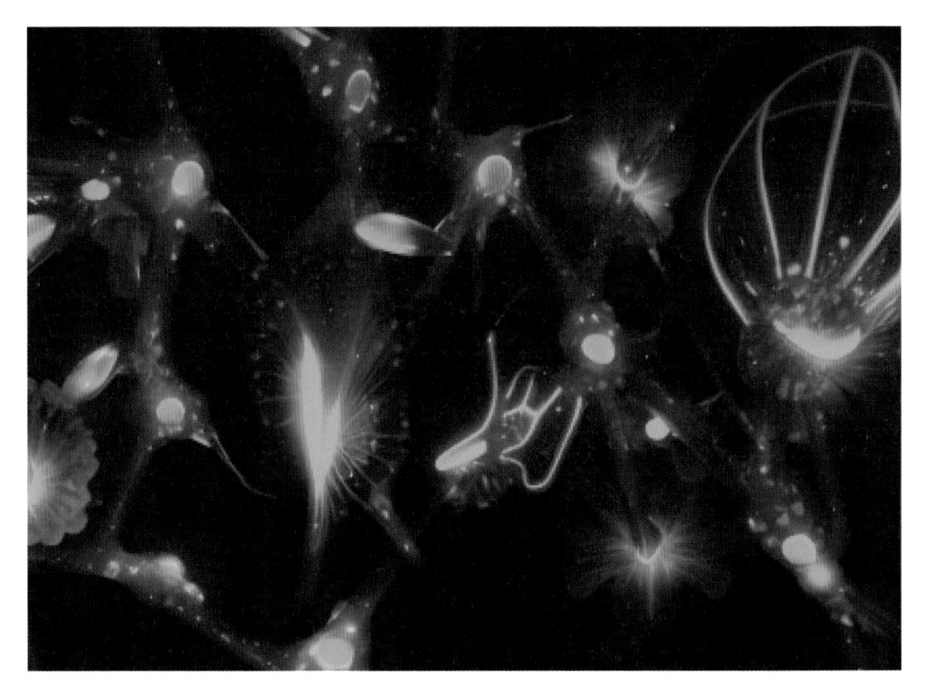

图 5-14 绿色荧光蛋白

显微镜与中国

现代意义上的光学显微镜在 13 世纪才开始出现，最初只是一个镜片的单式显微镜，也就是放大镜，后来到了 16 世纪才出现由两个透镜组成的复式显微镜。17 世纪以后，荷兰学者安东尼·范·列文虎克开始大量制造显微镜，英国博物学家罗伯特·胡克则利用显微镜发现了细胞结构，显微镜开始在科学发展中发挥巨大作用。

在清朝顺治时期，李渔在《十二楼》中讲到了显微镜：

大似金钱，下有三足，以极微、极细之物，置于三足之中，从上视之，即变为极宏、极巨。虮虱之属，几类犬羊；蚊蛇之属，有同鹳鹤；并虮虱身上之毛，蚊虹翼边之彩，都觉得根根可数，历历可观，所以叫做显微镜，以其能显至微之物，而使之光明较著也。

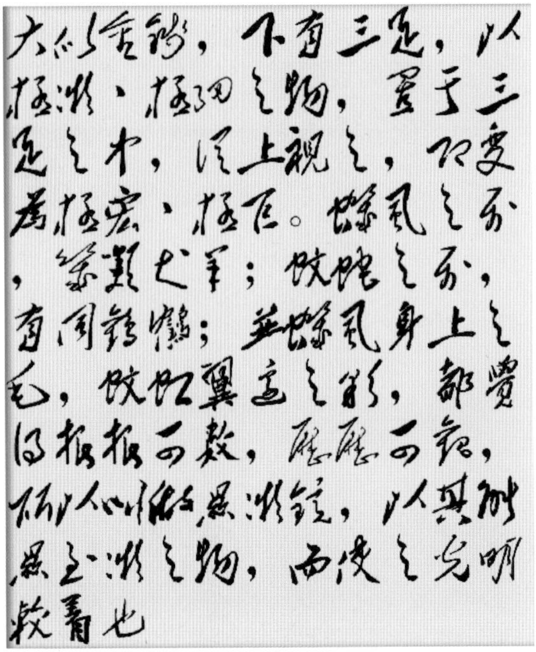

大似金錢，下有三足，以極微、極細之物，置于三足之中，從上視之，即變為極宏、極巨。蟣虱之形，竟類犬羊；蚊虻之形，有同鸛鶴；並蟣虱身上之毛，蚊虻翼邊之彩，都覺得根根可數，歷歷可觀，所以叫做顯微鏡，以其能顯至微之物，而使之光明較著也

图 5–15 李渔《十二楼》

不过，目前还无法确定显微镜传入中国的确切时间。根据历史记载，1687 年，法国国王路易十四派了一批传教士来华，他们给康熙皇帝带来了不少法国的奇器，其中就有显微镜。由于第一批传教士带来的奇器不多，作为会长的洪若翰赶紧给法国方面写信，要求送来更多的奇器，各种显微镜自然也是少不了的。后来的几批传教士都带来了不少显微镜，这些显微镜不仅仅呈现在康熙、雍正、乾隆面前，也逐渐为士绅达官所识。

高速摄影拍摄水滴溅入水中

6

“看见”看不见——高速摄影技术

“看见”看不见——高速摄影技术

人的眼睛最快能分清多快的过程呢?

蜜蜂振动翅膀、拨动的琴弦,又或者世界杯上足球被射门的瞬间,你真的看清了吗?

图 6-1 生活中“看不清”的过程

四只马蹄同时离地问题

在历史上,人们就曾被这样一个问题困扰了很久:马在高速奔跑的时候,会不会有一个时刻四只马蹄同时离地呢?

这个问题在 1872 年一经提出,便引发了大批赛马爱好者的关注,人们瞪大了眼睛在观众台上聚精会神地观察,但马儿奔跑起来实在是太快了,光靠人眼很难判断四只马蹄在同一时刻的状态,于是很快大家便对于解决这样一个看似不可能的问题失去了信心。

图 6-2 四只马蹄同时离地问题讨论

但铁路大亨、前加州州长 Leland Stanford 没有放弃对这个问题的探索，他确信答案是肯定的。终于，在 1878 年，一位英格兰摄影师 Edward James 通过拍摄照片的方式解开了这个谜题。他将 12 部曝光时间为千分之一秒的照相机相互间隔约 53 厘米固定在赛道边，同时将地雷触发线连到相机快门上，当马蹄在奔跑时碰到触发线就会触发相机快门，最终得到了这样 12 张经典的照片。对照第二张和第三张照片，可以证明马在奔跑时是可以四只马蹄同时离地的。自此，人们便开始通过摄影的方法捕捉肉眼无法察觉的真相，超快观测技术也正式登上了历史舞台。

图 6-3 Edward James 和运动中的马

高速摄影应用的发展史

最早期的高速摄影实验可以追溯到19世纪。除了刚刚说到的Edward James验证四只马蹄同时离地的实验，法国科学家Marey随后在1882年使用高速摄影技术，拍摄了鸟类翅膀在飞行过程中的运动。他发现鸟在飞行时，翅膀的运动轨迹呈S形曲线，这一发现对当时的生物学界产生了很大影响。

图6–4 拍摄鸟翅膀的运动轨迹

20世纪初，随着快门和闪光灯的发明，高速摄影开始被广泛应用于工业、科学和医学等领域，解决了许多社会发展过程中的实际问题。例如在工业和科学研究领域，人们利用高速摄影技术研究机械运动和流体力学，拍摄汽车和飞机引擎的瞬态工作过程、火箭发动机喷射燃料时火焰的形态以及流体在管道中的流动等。

第二次世界大战期间，基于当时的世界局势，高速摄影技术在弹道学、爆炸学、弹性力学等领域得到了飞速发展。军队使用高速摄影技术记录弹道、爆炸和飞行器测试等信息，以便更好地优化武器技术，提高其在战场上的杀伤力。

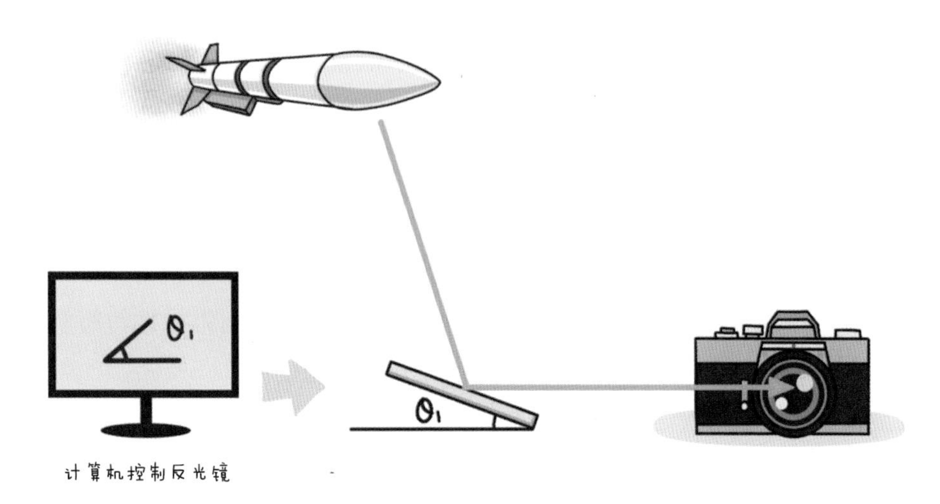

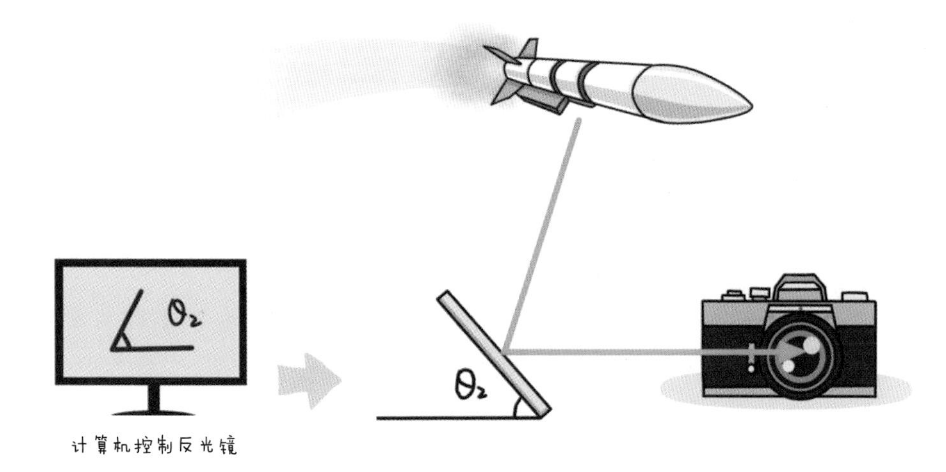

图 6-5 弹道摄影原理

随着 21 世纪的到来，数字相机和计算机技术的发展推动高速摄影进入了一个全新的时代。许多新型的高速闪光灯和镜头被开发出来，使得人们可以捕捉到运动速度更高的物体。数模转换单元的加入可以实现系统对图像进行后期处理的功能，提高照片质量。同时，高速摄影设备逐渐从科研领域走进人们的日常生活，出现了更加先进、精密和易于使用的数码相机。此外，3D 高速摄影技术在 21 世纪开始逐渐流行，它被广泛应用于电影制作、运动研究等领域。

举一个更贴近生活的例子，四年举行一次的世界杯，总能引起全球的关注，每到这个时候，各类体育频道都会循环播放历届世界杯的精彩进球集锦。细心的球迷们可能有注意到，随着时间的推移，从勉强能看清球进了，到如今进球的慢动作回放，摄影科技的发展为全世界球迷带来了更加丰富的视觉盛宴。2022 年卡塔尔世界杯使用的摄像机系统，能够做到 1000 帧 / 秒的拍摄速度，实现 40 倍慢动作回放，让世界各地的球迷们在家也能体验到世界杯赛场的观感。

图 6–6 世界杯赛场上的高速摄影

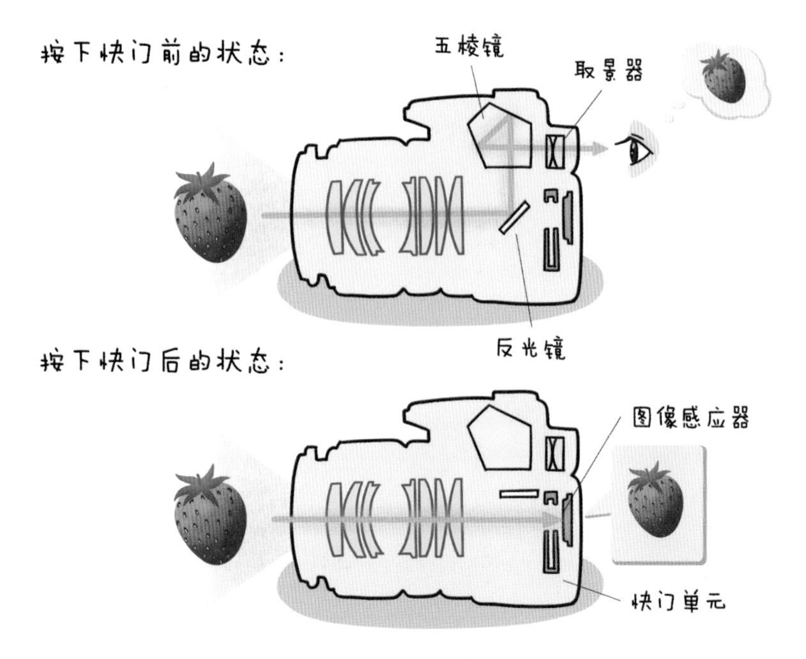

图 6-7 照相机成像原理

到目前为止我们讨论的都是利用光学原理成像的经典摄影系统，它们的工作原理都是从光信号到电信号的转换。高速运动的目标受到自然光或人工辅助照明光的照射产生反射光，或者运动目标自身发光，这些光部分透过高速摄影系统的成像物镜。成像物镜就是对光起会聚作用的透镜，例如生活中常见的放大镜，可以帮助人们看到肉眼难以分辨的微小物体。光经过物镜后落在光电成像器件的感光面上，器件会根据感光面上光能量的分布，在各个像素点产生相应大小的电荷包，带有图像信息的电荷包被迅速读出，转移到寄存器中，完成图像的光电转换。经过电脑的信号处理后，对图像进行读出和显示，并输出最终结果。

因此，一套完整的高速成像系统包括光学成像、光电转换、信号传输与控制、图像存储与处理等许多部分，组成十分复杂。而且随着摄影速度的提高，对光强度和质量的要求也随之增加，使得目前经典摄影系统在时间分辨率上实现量级的提升已经十分困难。

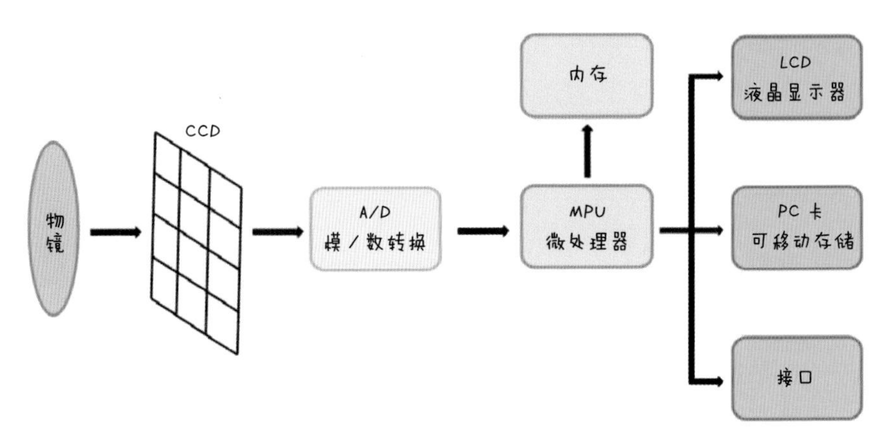

图 6-8 光学原理成像流程

微观尺度的过程

但你以为这就是目前摄影技术的时间分辨极限了吗？从广义的角度来说，远远没有！

一种叫做“泵浦 – 探测”（pump–probe）的技术能够做到皮秒甚至飞秒级的时间分辨率！

那么皮秒和飞秒是一个怎样的概念呢？

我们知道 1 毫米大约是 10 页纸的厚度。1 微米大约是一根头发丝直径的 1/50，血小板的直径最小可以达到 1 微米。而皮和飞是更小更小的概念，1 皮秒比“一眨眼的工夫”还要快上好多好多倍！

那么可能有读者会好奇，我们为什么需要拍摄这么短时间内发生的过程呢？在 1 皮秒内又能发生什么样的过程？

图 6-9 微秒、皮秒、飞秒的关系

图 6-10 血小板量腰围

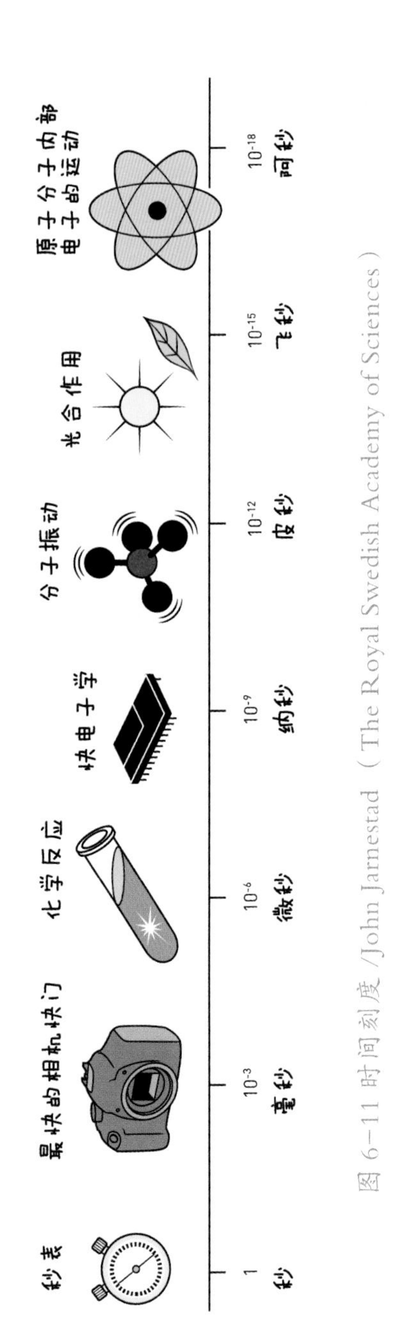

图 6–11 时间刻度 /John Jarnestad（The Royal Swedish Academy of Sciences）

现在就让我们脱离宏观的视野，到微观世界中去看一看，组成世界万物的分子和原子每天都在做什么。

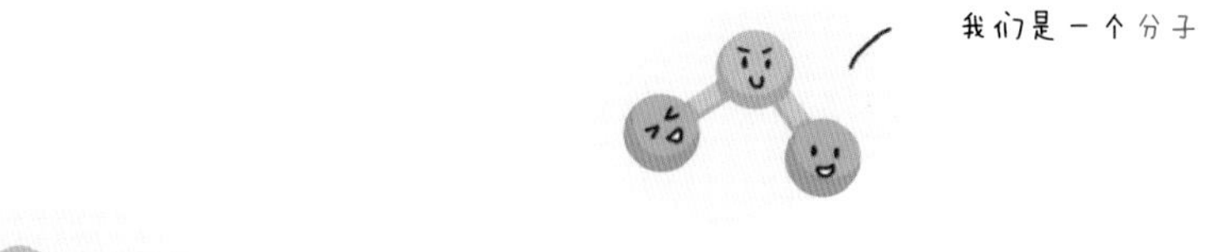

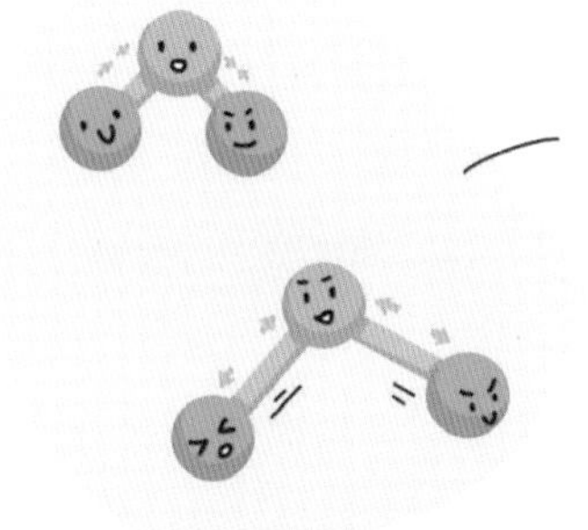

图 6–12 分子的振动和转动

为了弄清这些发生在皮秒甚至飞秒量级的微观尺度现象，探究物质组成的奥秘，我们需要用什么做快门呢？

科学家们很快便给出了答案，就是利用目前已知速度最快的物质——光，并以此发展出了一种利用光作为摄像机快门的技术——“泵浦 - 探测”技术（pump–probe）。

“泵浦－探测”技术

“泵浦－探测”技术与经典高速摄影在原理上有很大不同，它是利用光作为相机快门，将高速摄影的方法运用到微观尺度上。

它的原理十分简单：两束脉冲激光，一束先照射到物质上，经过光与物质中原子和分子的相互作用使其内部发生一系列超快的变化；第二束光在一定时间间隔后到达物质的同一区域，并透射或反射到探测器中成为信号被收集。通过精细控制第二束光比第一束多行径的距离，用它除以光速，得到皮秒或飞秒尺度的间隔时间，也就是快门的时间。这样，就能得到物质被第一束光激发后不同时刻的状态信息，实现每间隔皮秒的时间“拍摄”一张物质状态照片的功能，相当于拍摄帧数可以达到每秒 10^{12} 张！这些“照片”里的信息对科学家们分析原子和分子的运动有极大的帮助。

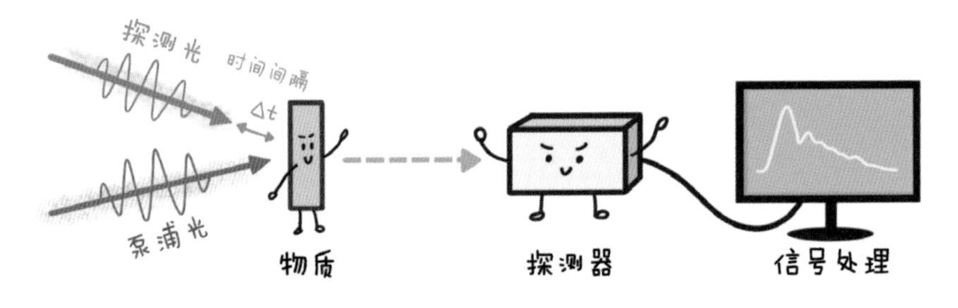

图 6-13“泵浦－探测”技术原理

发明“泵浦－探测”技术的埃及科学家艾哈迈德·泽维尔利用该技术成功地对化学键断裂过程进行了实时观测，从而开创了飞秒化学研究领域，泽维尔也因此获得 1999 年诺贝尔化学奖。

“泵浦－探测”技术的应用

“泵浦－探测”技术除了时间分辨率高以外，还具有无损、实时等诸多优势，不仅在微观领域，在我们的日常生活中也有着广泛应用。

例如生产商需要知道工厂生产出来的一批钢材内部是否有裂纹，会不会影响使用，也就是我们俗称的质量检测。如果要把每一块钢材都切开看看内部是否存在缺陷，或者每块都拉伸一下检查强度是否合格，这显然是不可取的，我们需要一种既无损伤，又快速的质检方法。“泵浦－探测”技术就能很好地实现这一功能，通过把激光聚焦到钢材表面的不同位置，就能分析出哪里存在缺陷。小到钢材制造，大到军工设备和飞机零部件探伤，“泵浦－探测”技术在工业、制造业上的应用范围十分广泛。

同样的，在生物和医疗上，由于红外线可以无损地穿透人体皮肤，我们可以利用红外线的“泵浦－探测”技术来分析组织和血液的状态，对于血管、肿瘤疾病的检测有很大意义，为未来医疗的发展指明了一条新道路。

随着激光技术的发展，科学家们目前已经能够将激光的脉冲宽度压缩到阿秒级（10^{-18} 秒），而“光快门”能实现的最大帧率又与其脉冲宽度呈正比关系。因此，未来“泵浦－探测”技术的时间尺度也会变得更快。当然，我们有理由相信人们还会发明出其他的高速摄影方法，帮助我们“看见”更快的，看不见的过程。

蓝黄金刚鹦鹉绚丽的颜色来自结构色 / WIKIPEDIA

7

色彩、颜料与结构色

色彩、颜料与结构色

生活中充满了色彩，大自然给我们呈现出五彩缤纷的世界，绿草如茵的春、赤日炎炎的夏、一丛金黄的秋、银装素裹的冬。我们可以看到很多种颜色，不同的物体发出的颜色也往往不同，它们是如何发色的呢？又为何能呈现出如此丰富的颜色呢？下面我们一起来找找答案吧！

图 7-1 五彩缤纷的四季

要解决这些问题，首先我们要分清楚几个概念，什么是光源色、固有色和物体色。光源发出的光，形成了不同的色彩，我们将这些色彩称之为光源色。固有色，指的是物体在白色光源下的颜色，即物体本身所呈现的颜色，如正常日光下看到一个物体是红色，那么它的固有色就是红色。而物体色就是物体表现出来的颜色，那这和固有色有什么区别呢?例如对于一个白色的物体而言，红光照射上去，它就呈现红色，那么它的物体色就是红色，而固有色依旧是白色。

什么是可见光

知道了这些概念之后，如果想继续探究物体是如何呈现颜色的，就需要了解我们熟悉的朋友——光。光是一种电磁波，电磁波的波长范围很广，可见光是其中狭长的一段，波长为 380~780 纳米。人的视觉神经可以感知到可见光这个波段的电磁波，并产生色的反应。不同波长的光波在人的视觉上产生不同的反应，如波长在 550 纳米左右的光波是绿色的，400 纳米左右是紫色的，这也就是我们所说的光源色。

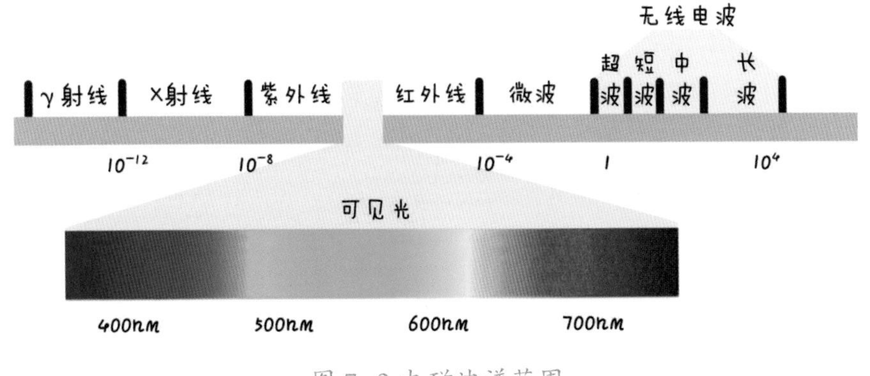

图 7-2 电磁波谱范围

光又是从哪里来的呢？光是由光源发出的。凡能发射紫外线、可见光、红外线等各种电磁波的物质都可称为光源。光源有很多，太阳就称为自然光源，而电灯、蜡烛等称为人造光源。光源可以发射出不同波长、频率和振幅的电磁波，我们将只具有某一种波长的色光称为单色光。然而，我们还经常看到光是呈现不同颜色，它们都是由无数不同波长的光波按一定的强度混合组成的，也就是说它们是复色光。此外，还有一种比复色光更为复杂的色光，称之为全色光，这种色光包含了红、橙、黄、绿、蓝、靛、紫所有波长，最具代表性的就是太阳光。

电视机的色彩

经过科学家的证明，几乎所有光的颜色都可以用三原色按某个特定的比例混合而成。也就是说，虽然光的颜色非常丰富，但是将这些色彩分解，能得到最基本的三种颜色，即红（R）、绿（G）、蓝（B）。将这三种颜色组合叠加，可以形成成千上万种颜色。

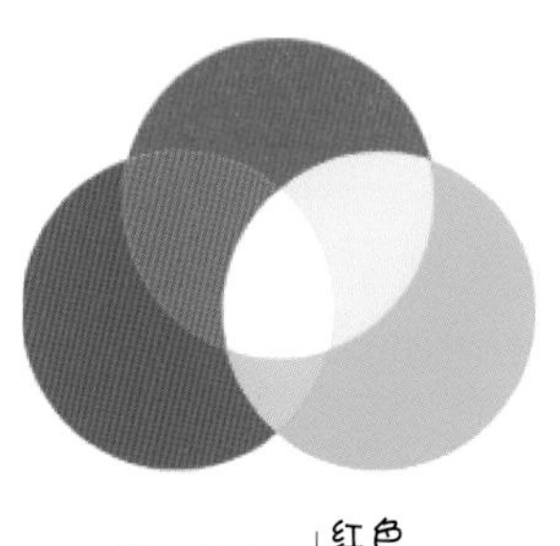

图 7–3 光的三原色

彩色电视机可以展现出五颜六色的画面，就是利用了光的三原色叠加原理。彩色电视机的屏幕上有 100 多万个荧光点，每个荧光点只有针尖大小，在电子射线的轰击下，会发出红光、绿光和蓝光。将这三种荧光点互相交替地排列在荧光屏上，就可以展现出五颜六色的画面了。如果拿放大镜看屏幕，可以发现屏幕上的点都是红、绿、蓝三种小点排列而成的。

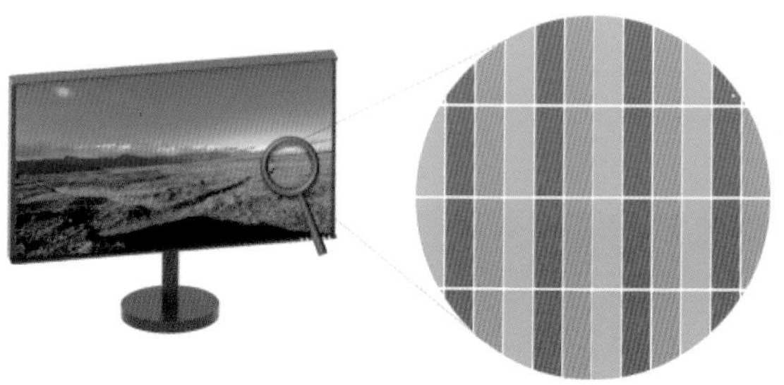

图 7–4 彩色电视机屏幕放大效果

固有色和物体色

了解了光源色之后，我们继续探究物体是如何呈现颜色的。对于固有色是白色的物体而言，它的分子特性使其会反射所有的色光，因此我们看到的是白色光线，这是物体呈现白色的原因。不过，将光源换成蓝色，那对于白色物体而言，它反射了蓝色，我们就会看到它是蓝色物体。那么这个物体到底是白色还是蓝色呢？其实物体是没有色彩的，色彩是主观概念。我们为了辨别和分类，就给物体在日光下呈现的颜色叫做固有色。

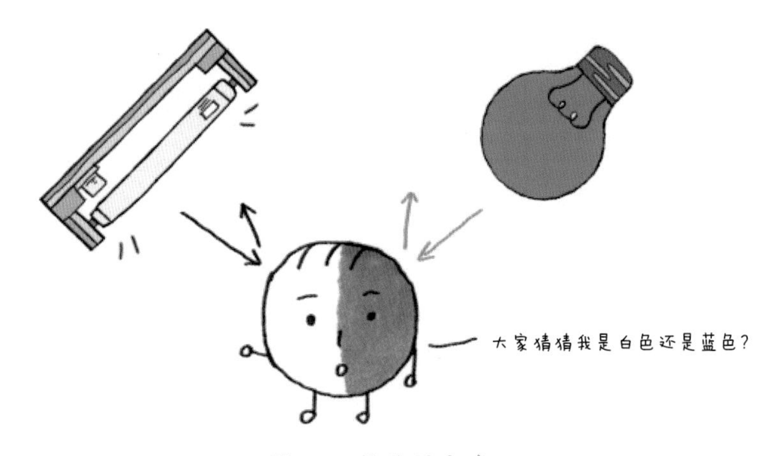

图 7–5 物体的颜色

我们看到的物体颜色会受到哪些因素的影响呢？光源的光谱分布决定了其本身的光色参数，除此之外，光源也影响了在其照明下观察物体时的颜色外貌。

物体的颜色不仅取决于物体辐射对人眼产生的物理刺激，而且还受到人眼视觉特性的影响。人眼的构造和我们平时用的照相机的构造有相似的地方。射入眼睛的光，在相当于照相胶片的视网膜上产生光化学反应，由此产生的视神经脉冲传至大脑形成视觉。

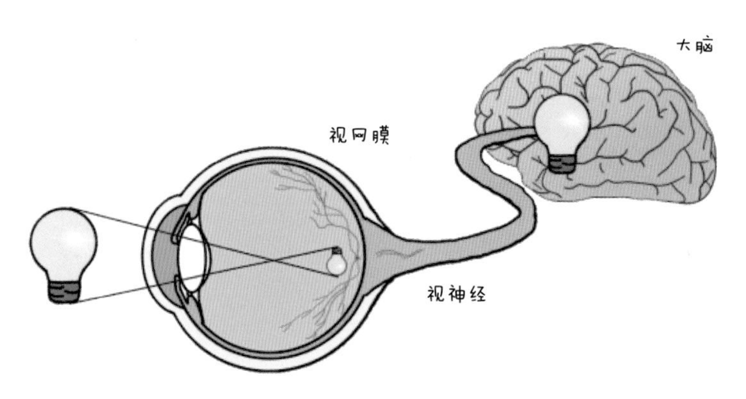

图 7-6 看见光的过程

此外，物体的光谱光度特性是物体产生不同颜色的主要原因之一。当光照射在物体上时，入射的光谱能量部分被反射，部分被吸收和散射，部分透过。因此，透明体的颜色主要由透过的光谱组分决定，不透明体的颜色则取决于它的反射光谱组成。

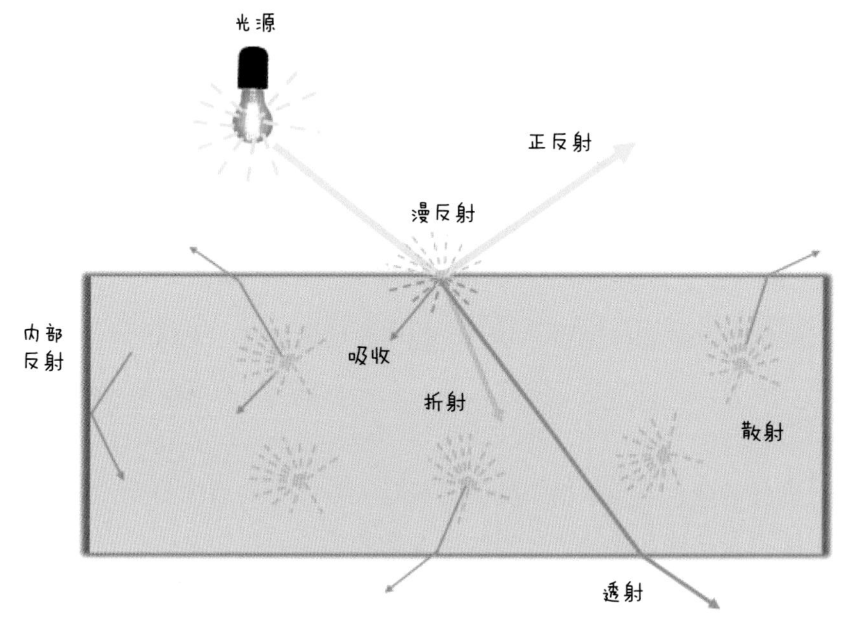

图 7-7 物体的光谱光度特性

由此可知，物体发出颜色的三要素：光（光源）、眼睛、物体。

图 7-8 物体发出颜色的三要素

颜料的“减色模式”

上面讲了物体发色的原因以及光的三原色，如果大家去看印刷的颜色，也就是平时画画用的颜料，它们也是由三种基本颜色构成的，但是它们却和光的三原色不同，这是什么原因呢？

原来光的三原色和颜料的三原色原理是不一样的，光的三原色是针对光源而言的，它们叠加时，会同时显示各光源的颜色效果。而颜料的三原色，是针对物体而言的，其颜色叠加效果是显示出各颜色共同反射的颜色。黄色颜料呈现黄色是由于反射了黄色，吸收了其余色光；同样，蓝色颜料呈现蓝色是由于其反射了蓝光，吸收了其余色光。

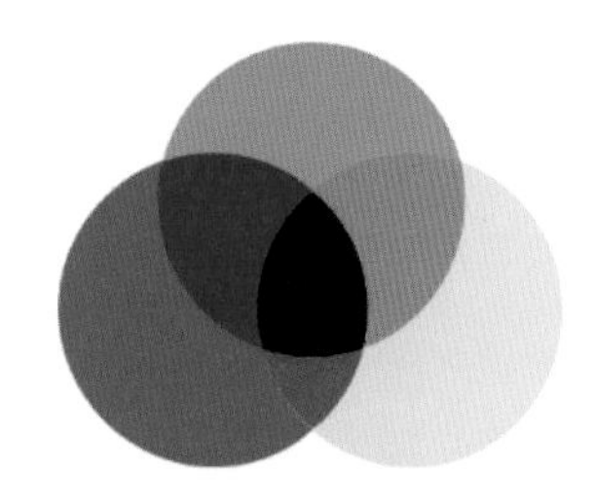

图 7-9 颜料的三原色

因此，颜料的三原色是能够吸收红绿蓝（RGB）的颜色，即青、品红、黄（CMY）。我们将两种或以上的颜料混合，这些颜料之间会互相吸收各自本该反射的色光，这种情形就相当于给色光做了减法，称之为颜料的“减色模式”。将颜料的三原色混合可以获得所有颜料的颜色。

此外，我们经常混淆染料和颜料，它们是一样的意思吗？其实染料和颜料同属于“颜色家族”，它们的发色与其化学结构有关，它们的发色称之为“色素色”。这种发色的原理是由于颜料或染料的色素分子对光产生选择性吸收作用的结果。这些色素分子结构上面有一些“发色基团”，这些发色基团决定了颜料或染料的颜色。虽然染料和颜料都可以用来上色，但是它们的应用是完全不同的。颜料是不溶于水或油的，呈现粉状，大部分是无机物，它的遮盖能量非常强，一扇门、一面墙或用旧的汽车，喷漆一下，看上去就焕然一新了。这里的漆就是颜料，还有写字的油墨、绘画用水彩的也是颜料。染料与颜料有很多不同，染料是能使衣服或其他材料着色的有机物质。常常需要在其他染色药剂的帮助下，把颜色牢牢地固着在衣服上，所以才有我们身上五颜六色、绚丽多彩的衣服。大部分染料是能溶于水的，再经过化学处理，就可以染好我们的衣服啦。

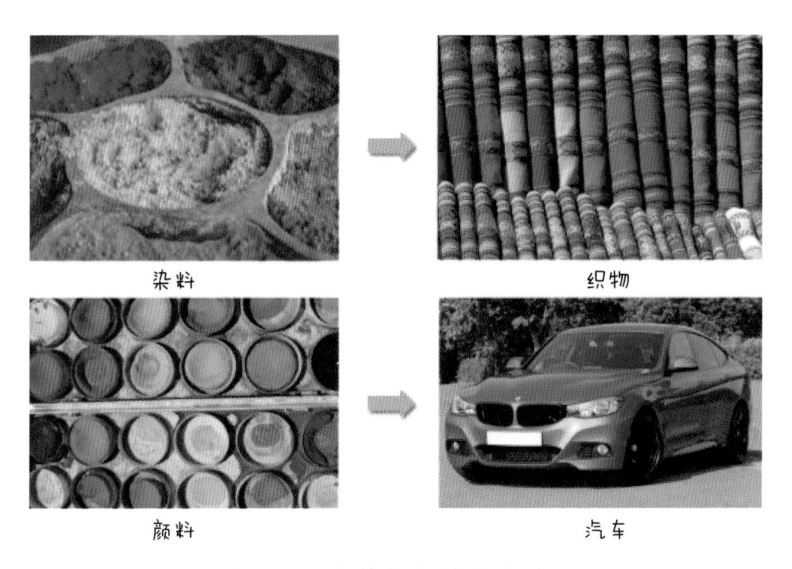

图 7-10 染料与颜料的应用

蝴蝶的结构色

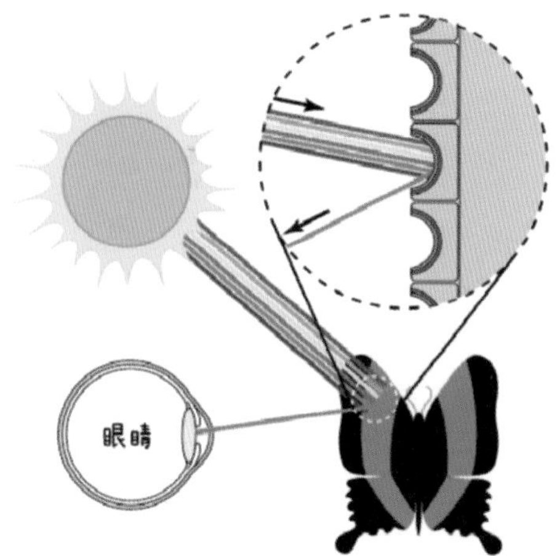

图 7–11 凤蝶鳞片表面的微观结构赋予蝴蝶引人注目的蓝绿色 /Optical Materials Express

蝴蝶的翅膀、甲虫的外壳、鸟的羽毛，都非常炫目，那它们又是怎样展现这些亮丽的色彩的呢？与染料、颜料的色素色不同，这种发色原理为“结构色”，又称为物理色，是通过光的波长选择性反射折射引发的光泽。昆虫外壳或鸟类羽毛上细微结构，使光波发生折射、漫反射、衍射或干涉，因此产生了各种颜色。结构色外形非常绚丽，而且不能被水和漂白剂洗掉。

蝴蝶、甲虫等昆虫的外壳或体表和鸟羽毛上的嵴、纹、小面和颗粒等细小的微结构，使光波发生折射、漫反射、衍射或干涉而产生的各种颜色。这些细小的微结构是我们肉眼看不见的，如果拿显微镜去看就可以看到了。它们的颜色通常都非常绚丽，如五颜六色的蝴蝶的翅色，甲虫体壁表面的金属光泽和闪光等是典型的结构色。

本书第一章中肥皂水吹成的泡泡，在日光下也可以产生彩虹的颜色，这是薄膜色，也是一种结构色。结构色不褪色、环保、绚丽多彩，在显示、装饰、伪装方面都能应用。

色相、明度和饱和度

自然界中有千万种颜色，哪怕“同一种颜色”也有明暗深浅。如何表示这些颜色呢？科学家们总结了颜色的三种属性，即色相、明度和饱和度。它们分别是什么意思呢？

色相，也可以称为色调，是颜色之间区分的最基本特征，也是特定波长下光呈现特定颜色的表象。我们平时看到颜色的第一反应就指的是色相，即表示出红、黄、绿、蓝、紫等颜色特性。也就是说色相表示了颜色的外观，我们说的红花、绿叶、白云、蓝天，都是指颜色的色相。

图 7-12 色相：红、黄、绿、蓝、紫等颜色特性

明度也是颜色属性之一，也称为色彩的亮度，是物体表面相对明暗的特性，近似光源色的亮度。不同颜色会有明暗的差异，相同颜色也有明暗深浅的变化。如在各种彩色中，黄色明度较高，蓝色明度较低。明度主要决定于物体反射率的高低。

颜色另外一个属性是饱和度，也可以称为纯度，指色彩的纯洁性，表示了颜色的鲜艳程度。饱和度越高，颜色就越纯，反之就越灰。颜色的饱和度取决于物体表面对光谱色的选择吸收程度。

色相、明度和饱和度，三种属性相互独立，但又不是单独存在的，它们之间互相联系、互相影响。如在色彩中加入白色，明度会提高，加入黑色，明度会降低。但是在明度发生变化时，饱和度也会发生变化，加入白色和黑色，颜色的饱和度会降低。

通过以上知识的学习，现在知道为什么物体会展现不同的颜色了吧，大家可以试着说说身边常见物体的色相、固有色、物体色以及它们的发色原理，并比较这些颜色的明度和饱和度。

图 7–13 明度：色彩的明暗、深浅程度

图 7–14 饱和度：颜色的鲜艳程度

黑暗中的光纤 / WIKIPEDIA

8

感知远方的通道——光纤

感知远方的通道——光纤

海市蜃楼的虚幻图景给了无数古代商人虚妄的期待，星辰变幻的神秘莫测激发了一代代科学家去探索宇宙的奥秘。人们从未停下过探索远方的步伐，而光，也逐渐成为人们连接远方的有利“助手”。

舞台上的大射灯形成了光路、物体遮挡光路会形成影子等现象表明：光是沿着直线传播的。这一点相信你在前几章的阅读中就已经深有领会。

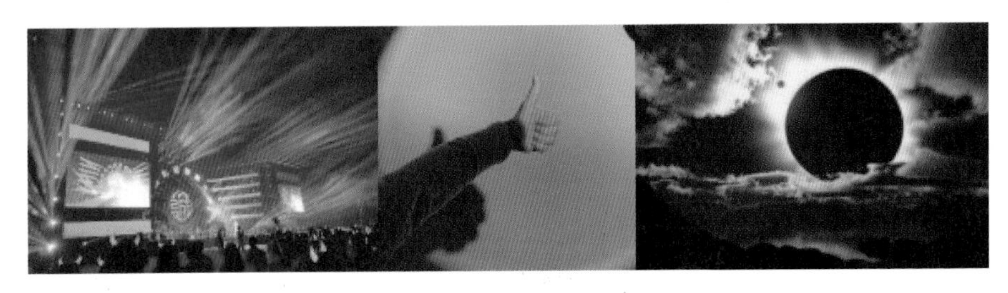

图 8-1 光的直线传播

那么如果我们将一束激光射向流动的水流，光会沿着水流弯曲还是直接穿过水流呢？

早在 1870 年，英国物理学家约翰·丁达尔就展示过这样一个实验：

图 8-2 德国宫廷主教座堂内被散射而显现的光路，是丁达尔效应的典型例子 /WIKIPEDIA

图 8–3 丁达尔“发光流水”实验

他用灯把桶中的水照亮，并在装满水的木桶上钻了个孔，让桶中的水流出，发光的水从水桶的小孔里流了出来。令人惊讶的是，水流弯曲，光线也跟着弯曲，光好像被弯弯曲曲的水流“俘获”了！

这是怎么回事呢？光是沿直线传播的，怎么会随着水流弯曲呢？

丁达尔经过大量的研究给出了一个答案：光在水流中发生了全反射，看起来就像被水柱“俘获”了。

光的全反射

在理解光的全反射之前，首先回顾一下光在传输过程中的反射和折射：光在不同介质中的传输能力是不同的，因此当光线遇到两种不同介质相交的界面时，一部分光继续在原介质中传播，即发生了反射，反射角 θ_2 = 入射角 θ_1；此外，另一部分也可能会进入另一个介质，即发生了折射，折射角 θ_3 > 入射角 θ_1。

然而，当 θ_1 逐渐增大到一个临界值，θ_3 大于 90°，此时光线不能再进入另一介质，全部按反射定律在原来的介质中传输，没有任何损失，这就叫全反射。如下图右侧，不存在折射光束。

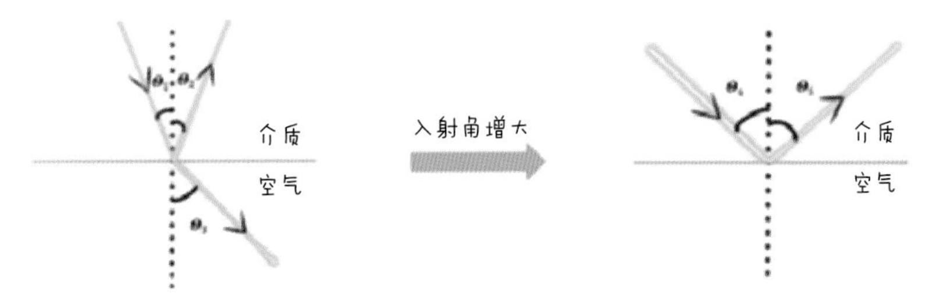

图 8–4 全反射的形成

除了入射角 $\boldsymbol{\theta}_1$ 的大小，还有一个条件限制着全反射的发生。这与光在不同介质中的传输能力有关，同一种光在不同介质中的传输能力可以通过传输速度描述。光在介质中的传输速度越小，其折射率越大；传输速度越大，折射率越小。相应的，我们称折射率较小的介质为光疏介质，光在其中的传输速率较大；称折射率较大的介质为光密介质，光在其中的传输速率较小。光疏、光密是一种相对概念，例如水（折射率为 1.33）相对于空气（折射率为 1）而言就是光密介质，相对于玻璃（折射率为 1.5）而言则是光疏介质。

图 8–5 水、空气、玻璃的折射率

全反射的发生需要满足两个条件：

①光从光密介质射向光疏介质，例如从水中射向空气；

②入射角度大于等于临界值。

因此，丁达尔展示的“发光水流”中的光其实并不是沿着曲线传输了，而是以折线的形式在水流中前行。

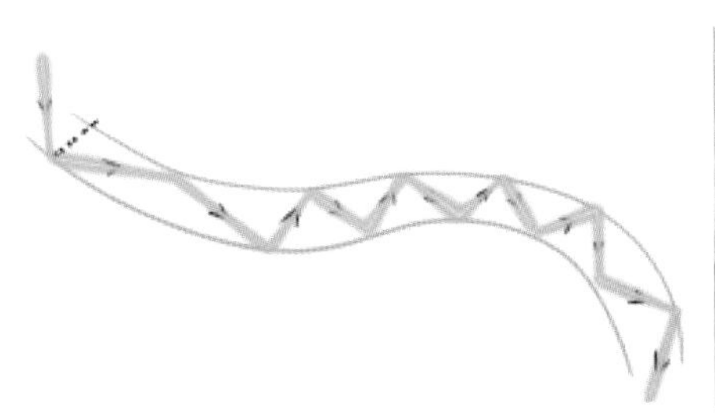
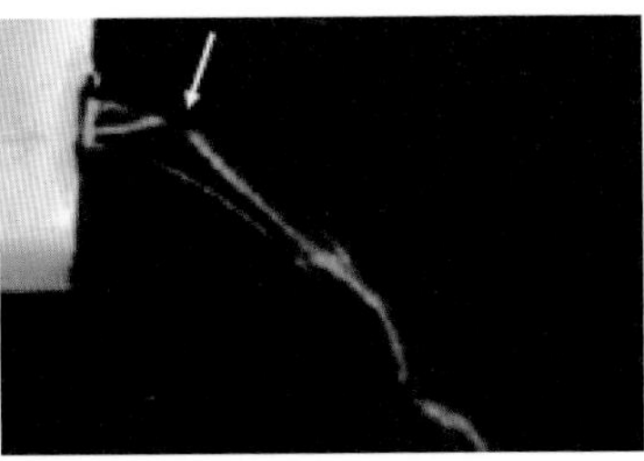
图 8–6 水流中的全反射

璀璨的钻石

全反射的现象其实在生活中经常可以见到。象征着爱情的钻石就因为全反射而璀璨夺目!

钻石在未经人工打磨时并没有这么闪耀，它也有另外一个名字——金刚石。金刚石的折射率非常大，在被工匠磨出许多交错的平面后，光线就可以在其中不断地发生全反射，以至于在各个方向它都可以光彩夺目。

不仅是钻石，全反射在生活中还有很多应用场景，比如自行车的尾灯。漆黑的夜晚，自行车独自前行的时候，并不会发光。然而，当一束光照向自行车，它的尾灯就亮了。大家有没有好奇这是为什么呢？难道自行车后面装了一个智能灯吗？

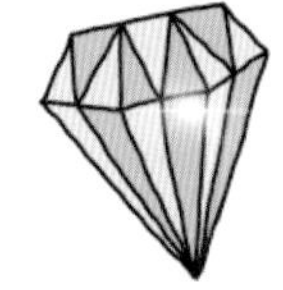

图 8-7 金刚石大变身

其实，自行车尾灯的“发光”的原理和钻石一样，都是全反射，甚至不需要通电。尾灯外壳由高折射率材料制作而成，内侧由许多类似三角形的塑料膜组成。当路上有路灯或车灯时，它能够实现在不同角度下的全反射，使得汽车司机可以远距离地看到自行车，从而保证夜间骑行的安全。

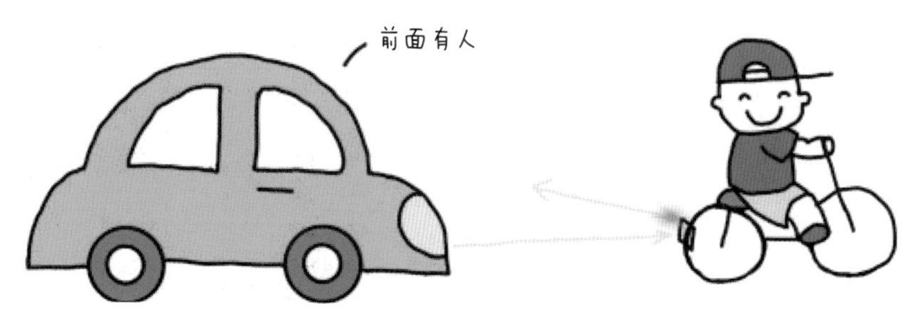

图 8-8 自行车尾灯“发光”原理

光纤的发展

丁达尔的全反射实验引发了很多人的兴趣。人们首先想到了折射率更高的玻璃，并将玻璃制作成不同的形状。若从一端通入光，光在其中发生全反射，则可以沿着玻璃到达另一端。

1880 年，维勒利用这个原理发明了一套光导管系统，这些导管的内壁衬有可以使光线发生全反射的反射涂层，可以将电灯的光或者太阳光引入地下室等阴暗场所。这一套光导管系统标志着全反射实际应用的开端，但全反射的强大功能远不止于此。

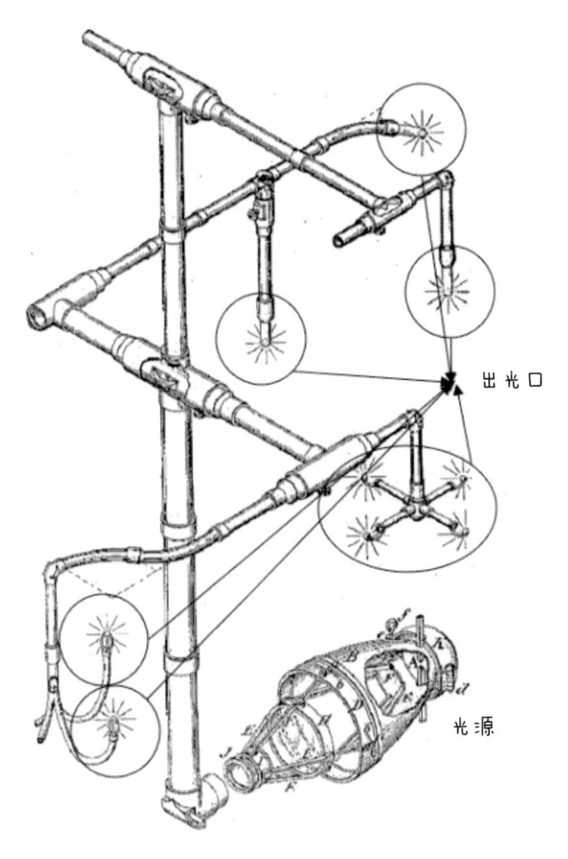

图 8–9 维勒的光导管系统

直到 1927 年，科学家汉塞开辟了全反射现象新的应用思路，首次提出利用玻璃纤维可以传送图像信息。这个新奇的想法出现后，德国医生拉姆在 1930 年组装了一束光导玻璃纤维用来传输图像，用于查看病人体内各个脏器的情况。但是内窥镜的传输距离短，只有 1 米左右，信息损耗大，成像质量并不高。

24 年后，英国科学家霍普金斯和荷兰科学家范 · 海尔分别撰写了关于无包层纤维束和有包层纤维束成像的论文。无包层纤维束即裸露的光导纤维。由于空气折射率较低，光纤可以在光导纤维中发生全反射。然而，一旦裸露的纤维与其他折射率较高的物体相接触，光线就会发生折射，造成信号损失。内窥镜信号损失的一大原因就是玻璃纤维很可能会触碰到体内的组织。因此，通过在光导纤维外面包裹折射率较低的包层，就可以有效减少光泄露以及光纤之间接触造成的信号干扰。

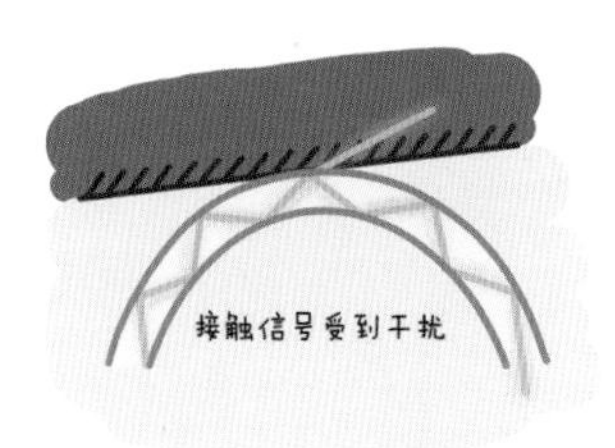

图 8–10 无包层纤维束

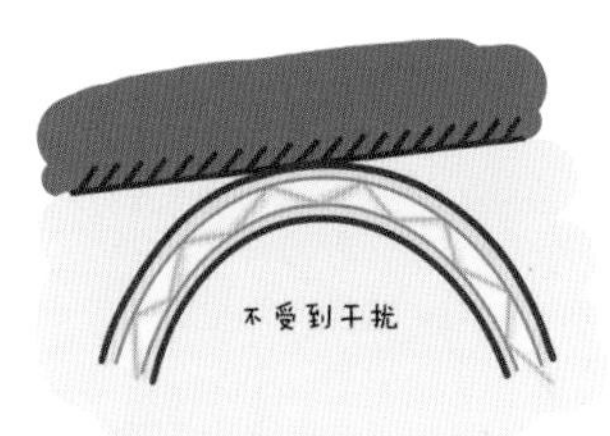

图 8–11 有包层纤维束

科学家们并不满足于内窥镜的发明，他们设想将全反射原理应用于更远距离的图像通信。然而，玻璃纤维中存在杂质、传输过程中不免受到弯曲和挤压等因素导致光在传导过程中越来越弱，最多只能传输几米，远距离传输似乎不可能实现。

出生于上海的高锟博士却坚定地认为：既然电可以沿着金属导线传输，光也应该可以沿着导光的玻璃纤维传输。1966 年，他发表重要论文《光频率介质纤维表面波导》。基于大量实验，他提出了具有大信息容量的光波导模型，并提出利用光纤进行远距离传输的技术实现取决于合适的低损耗介电材料。他认为，只要将光纤的损耗从 1000 分贝 / 千米降低到 20 分贝 / 千米，就可以应用于通信。

小贴士 分贝

分贝最初出现在电信行业，是用于量化长导线传输电报和电话信号的增益或损失的计量单位，后来被广泛应用在声学、力学、电工等领域。为了纪念美国电话发明者亚历山大·格雷厄姆·贝尔，人们使用他的名字贝尔命名，分贝（dB）则是十分之一个贝尔（B），类似于分米（dm）对应米（m）。

分贝的数值表示两个同类功率量之间的相对大小。例如，入射光信号的功率为 $W_{入}$，在光纤中传输一段距离后，发出的光信号功率为 $-W_{出}$，传输过程中损耗的光功率为，那么（$W_{入}-W_{出}$）/$W_{入}$可以量化信号的增益或损失。然而，这个比值的范围很大，变化很快，难以计量。因此，人们对它进行了某种数学运算使它的数值范围减小，（$W_{入}-W_{出}$）/$W_{入}$经过这种数学运算后得到的值就命名为分贝。

高锟博士的论文鼓舞了许多国家的科学工作者，在世界范围内激起了研究低损耗光纤的热潮。论文发表 4 年后，美国康宁玻璃公司率先利用石英玻璃将每千米损耗降至 20 分贝。利用石英制成的光纤可以承载大量的信息，并将信息传输至 1600 千米以外，这一结果验证了高锟博士的理论。1974 年，美国贝尔研究所进一步降低了光纤损耗，同年，光纤开始批量生产。1977 年，世界上第一套光纤通信系统问世于美国芝加哥市。

进入实用阶段后，光纤通信的应用发展势不可挡，经历了多次更新换代后，很快就霸占了世界上超过 80% 的长距离通信。

1870年

丁达尔全反射实验

维勒光导管系统

1880年

1927年

汉塞提出利用光纤维传输图像的设想

拉姆应用于内窥镜

1930年

1954年

霍普斯金范·海尔撰写关于无包层，有包层纤维束的论文

高锟提出低衰减率玻璃纤维的设想

1966年

1970年

利用石英玻璃制备出满足条件的光纤

光纤量产化

1974年

1977年

第一套光纤通信系统问世于美国芝加哥

成为城市的“神经网络”，应用于各行各业

至今

图 8-12 光纤发展历史

光纤与通信

太阳光是地球上万物生长的能量来源，不同物体对光的不同响应使得我们可以用眼睛分辨这个世界。小小光纤，更是为人类与远方的通信缔造了更多可能。

通信这个概念很早就出现了，表示人与人之间信息的传递。在古代，人们最早通过烽火、狼烟传递信息。这种信号通常用于表示紧急军情，传递的内容单一。渐渐地，随着文字的普及，飞鸽传书成为了远距离通信的主要方式。然而，信息是否能够及时、准确地传达主要依赖于信鸽的可靠性，存在着一定的失败率。再后来，古代政府通过在多个地点设置驿站，驿站之间接力传递消息的方式确保信息的传递到位。然而，这需要大量的人力和时间。

图 8-13 飞鸽传书

随着电的发现与发展，现代通信的概念产生了。美国发明家摩斯和贝尔先后发明了有线电报和有线电话。随着电磁学进一步的发展，无线电报、无线电广播相继问世，声音信息得以传播，人类通信进入了新阶段。

光纤的出现弥补了人类之前无法快速远距离传输图像的缺陷。光纤传输图像的原理为：几万根直径微米级的光导纤维组成一束光缆，每一

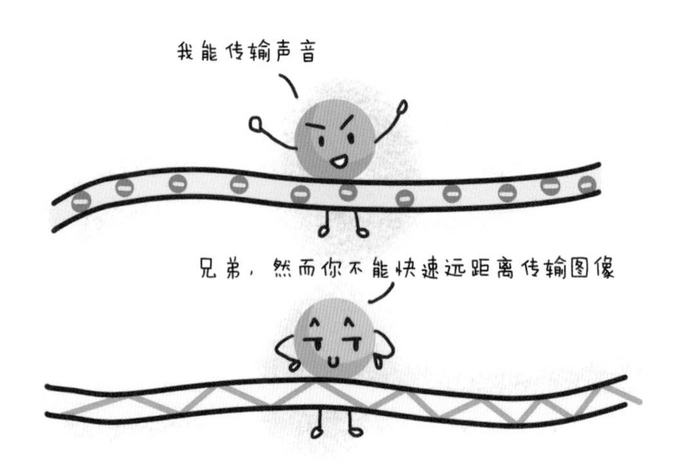

图 8-14 电线和光纤

根光纤传输相应的信息 ，几万根光纤就可以传输一个完整图像。同时，由于电缆的原材料是可以导电的铜，而光纤的原材料是石英，可以在沙石中获得。每铺设 1000 千米的电缆大约需要 500 吨铜，而光缆只需要几千克石英，使用光纤作为传输工具大大降低了信息传输成本。

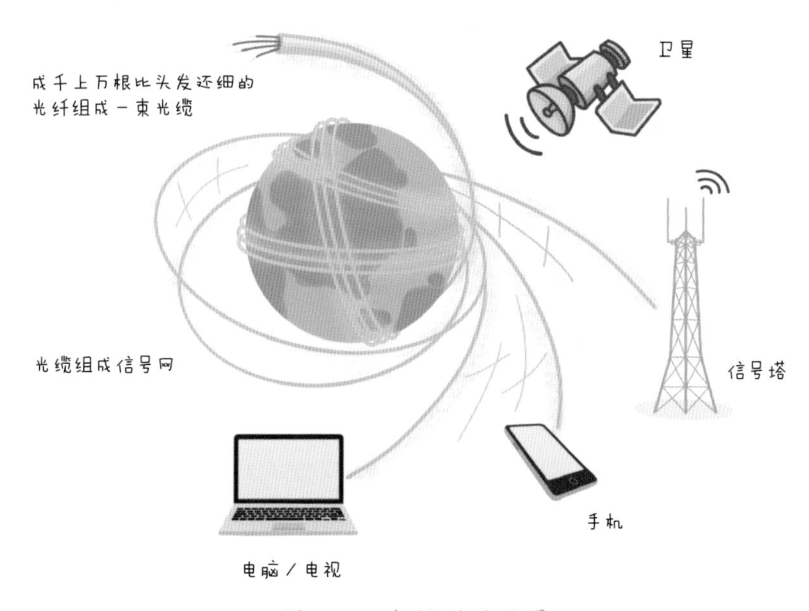

图 8-15 光纤联通世界

小工仔实验设计

实验目的：探究光是否会沿着弯曲的水流传播。

器材选择：吸管、剪刀、矿泉水瓶、激光笔

实验步骤：

1. 在矿泉水瓶上剪一个小口，将吸管插入小口；
2. 固定激光笔，使激光笔发出的光通过吸管；
3. 向矿泉水瓶中注入水，观察光路的变化。

实验现象：

光随着水流弯曲。

得出结论：

光可在水中发生全反射。

航天员身穿智能宇航服 / NASA

9

“智慧”的光纤衣服

“智慧”的光纤衣服

衣服可不可以实时监测我们的心跳？衣服能不能播放音乐？天冷了，衣服能不能自己加热？天黑了，衣服能不能照明？这些答案是：当然可以！

我们现在对于光是如何在光纤中进行传播已经有了很清晰的了解，也知道了光纤是如何让世界的联系变得如此简单，除此之外光纤还有其他用武之地吗？答案是肯定的！光纤不仅能够传递信息，还能够感知外界信息的变化，那它是怎么做到的呢？

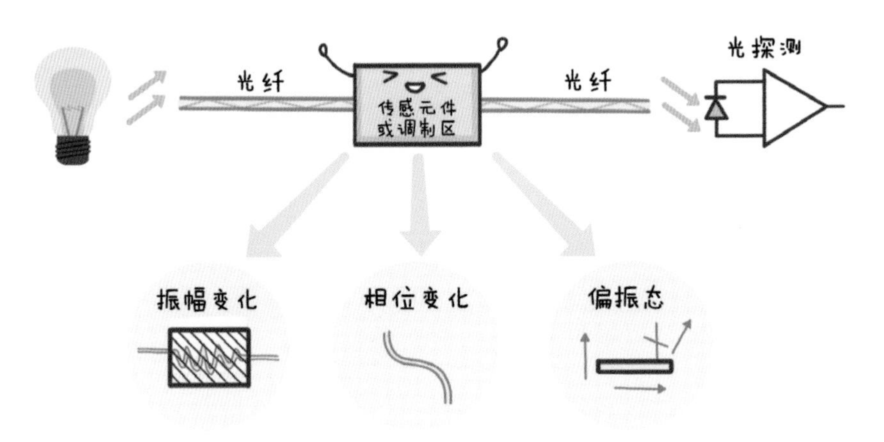

图 9-1 光纤传感

通过前面的了解，我们知道了光是能够携带诸多信息的，光的一些特性，诸如振幅、频率、相位、偏振都有着非凡的意义。我们把一束特定的光束缚在光纤里面，当外界环境发生某种变化，这种变化可以是温度、压力、位移、速度、电磁场等，并且这种变化可以通过某种方式作用在光纤上，进而影响到正在光纤内部传递的光。光的原始信息发生一定程度的改变后，我们可以通过仪器设备监测到光信号发生的具体变化，进而反算出外界环境究竟发生了怎样的变化。光纤的优势在于，除了能够作为外界环境变化的感知器件，光纤本身也可以作为传递信息的媒介。此外光纤还有着体积小、质量轻、耐腐蚀、抗电磁干扰、灵敏度高、响应速度快、可远距离测量等诸多优势。

为了更加深入地了解智能光纤织物，我们首先来了解一下光纤传感器吧。

光纤传感器的分类

针对光的振幅、偏振、波长、相位几大特性，也有着对应类别的光纤传感器。

对于光的振幅，有振幅调制型传感器。这种光纤传感器是通过外界环境对光纤中传播光的振幅大小影响进行测量的。

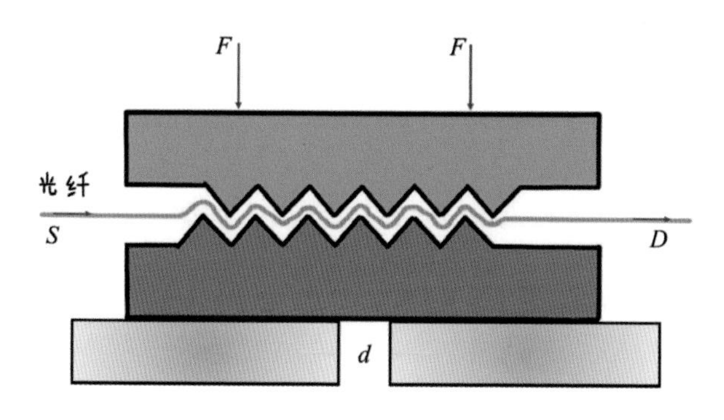

图 9-2 变形器

振幅调制型传感器的典型应用是变形器，由于齿板的作用，在沿光纤光轴的垂直方向上加有压力时，光纤产生微弯变形，使得传输损耗增加，影响光的振幅大小。

对于光的偏振，有偏振调制型传感器。光的振动存在着一定的方向性，这就是光的偏振，光的偏振同样可以被外界所影响。

许多物质在磁场的作用下可以使穿过它的平面偏振光的偏振方向旋转，这种现象称为磁致旋光效应或法拉第效应，偏振型传感器就是利用了这样的原理。

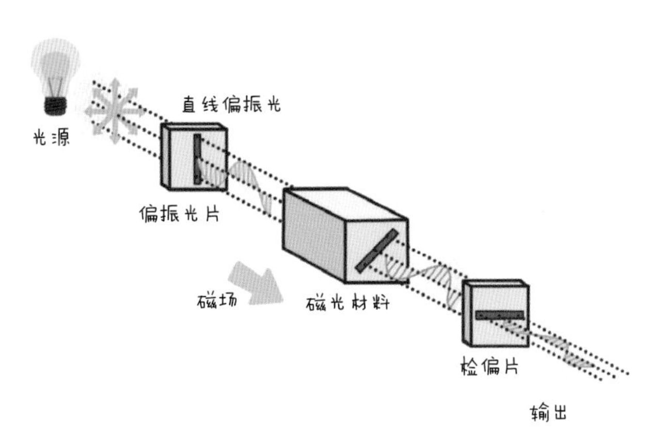

图 9-3 偏振型传感器

对于光的波长，有波长调制型传感器。目前波长调制型传感器应用最广泛的就是布拉格光栅传感器，这种传感器就是在光纤的纤芯位置制作周期性结构，当宽带光源的光入射到这个周期性的结构上时，会有特

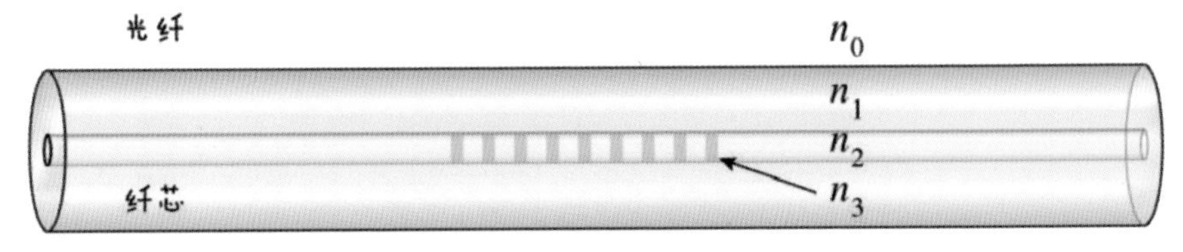

图 9-4 布拉格光栅传感器

定波长的光被反射，其余波长的光发生透射。当外界环境发生改变时，会影响到光栅的周期性结构，反射的波长由于周期性结构的改变也会发生变化，通过探测反射波长的变化来探测外界的信号变化。

对于光的相位，有相位调制型传感器。我们已经知道的是，两束特定的光是能够发生干涉的，并且会形成稳定的干涉图样，当两束光的其中一束光受到外界因素而发生相位发生变化后，干涉图样也会发生特定的变化。

现在我们已经了解到光导纤维是什么，以及光纤传感器是什么，那么同样是纤维制作而成的衣服，让我们来看看光纤和衣服能够擦出什么样的火花?

常见服装面料

俗话说“人靠衣装马靠鞍”，可见服装对我们美丽外表的贡献作用不可小觑，衣服不仅能够保护我们的身体，让我们免受风寒，还能够起到很好的装饰作用。不同的场景，不同的心情都可以拥有不同的服饰搭配风格。而形形色色、五彩斑斓的服装离不开这几种面料。

如丝绸面料，也就是桑蚕丝面料，这种面料非常轻盈，穿在身上也相当舒服，当然价格也是非常昂贵的；还有保暖效果很好的羊毛面料；以及由植物纤维制作而成的亚麻面料；还有由棉花制作成的纯棉面料等，这些都是由纯天然的物质制作而成的面料，这些面料经过不同的剪裁就成为了我们身上穿着的漂亮的衣服了！

图 9–5 不同衣物面料

还有一种常见的是化纤面料，这是由化学纤维加工而成的织物，比如我们也经常听到的涤纶、腈纶、氨纶等。当然啦，也有将天然纤维和化学纤维混合使用的混纺面料。

不同面料的衣服穿在身上的舒适度是不同的，这些面料没有绝对的好坏之分，不同功能的服装也要采用不同的面料，在不同场景下也要搭配不同风格的衣服。

会发光的光纤衣服

光纤织物将光纤本身和纺织物相结合，由于光纤本身具有通信和传感功能，因此光纤织物也属于智能纺织品。用在光纤织物中的光纤一般采用的是兼具柔软和导光功能的聚合物光纤。光纤织物不仅能够用作装饰、照明，还能够用作通信、传感等。我们一起来看看吧！

图 9-6 光纤织物

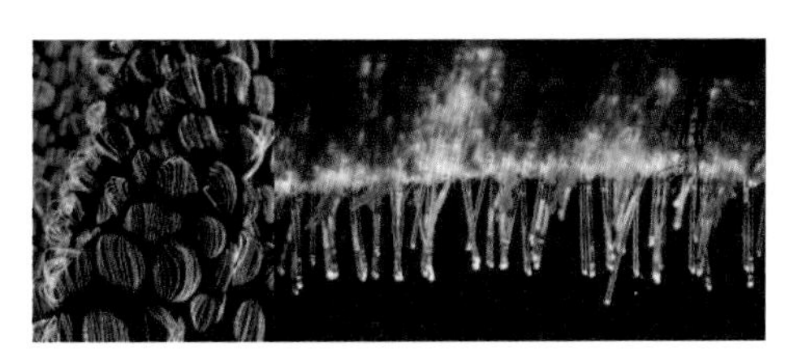

图 9-7 绚丽的光纤织物

光纤从某种意义上来讲，同样是“纤维”，也可以制作成衣服！光纤和我们头发丝差不多细，但是比头发丝更神奇的是，光纤能够把光牢牢限制在里面，光能够沿着光纤传播到任何我们想要它到的地方去。

有一位叫做马林·波贝克·塔达的艺术家，把光纤作为面料织进了传统面料中，制成了非常绚丽的纺织艺术品！

光纤就像水管一样，光就像水管里面的水。水能沿着水管流动，水管的尽头在哪儿，水就会从哪里流出来；光也像水一样在光纤里面“流动”，光纤发生弯折时，光的行进方向也会随着光纤发生改变，光纤有多长，光就能传播多远。

图 9-8 光纤

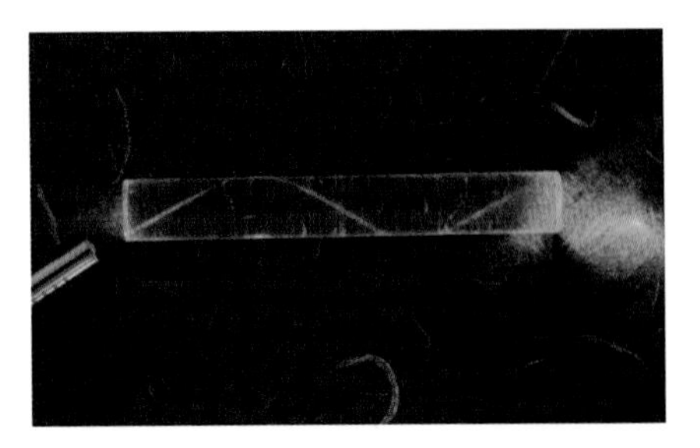

图 9-9 光在光纤中的传播

所以这些惊艳纺织艺术品就是利用了光纤细软，拉伸强度好，因此容易被加工，价格也很便宜，制作出的衣服越来越受大家的喜爱。加了光纤的纺织品五彩斑斓！但是光纤是如何呈现出不同色彩的呢？原因是光纤都是透明的，常见的材质很像“玻璃”，只是纯度比玻璃要高很多！不同颜色光的产生主要是因为光源会发出不同颜色的光，光源的光在光纤内部传播，最后就会呈现出不同的颜色！

此外有些特殊的光源发出的光信号还能被再次接收，通过对比发射出去和接收到的光信号的差异，还会得到一些意想不到的信息呢！

如今社会飞速发展，我们对服装又提出了更高的要求——让科技进军服装领域，让服装“变”智能。

具有特异功能的光纤衣服

自古至今，“衣服”，“织物”都是我们日常生活中不可或缺的一部分，它们被用来防寒保暖、展示个性，随着科技的不断发展，服装又被赋予了新的使命——智能。一提及智能服装，我们最容易想到的就是航天员穿的航天服，还有消防员的防火服，但是这些服装只适用于特殊人群，并没有完全深入到我们的生活当中。

1996 年，贾亚拉曼等率先开始了智能服装方面的研究。他们利用光纤作为智能服装的信号传输总线，将嵌入到织物中的电子器件及电子导线连接起来构成了“可穿戴主板”，首次实现了无干扰环境下的人体生理信号监测，开创了“可穿戴电子”的新领域。

光纤织物在医学领域的应用越来越多，例如，利用内置可发光的光纤织物所释放出的光，通过光动力疗法治疗一些皮肤病。通过调整光纤的排布方式和光源强度及波长，获得所需的治疗光波，并精确定位到特定部位进行治疗。

图 9–10 第二代飞天舱外航天服 /WIKIPEDIA

对于新生儿黄疸、角化病等皮肤病，就可以通过柔软、可弯曲、不会对皮肤造成额外伤害的光纤织物进行治疗。通过光纤的弯折，光纤侧面会有光的泄露，投射到病变处对患者进行针对性的治疗。此外，特定波长的光还能够有效促进伤口的愈合，将光纤和绷带织在一起，就能够进行有效的治疗。

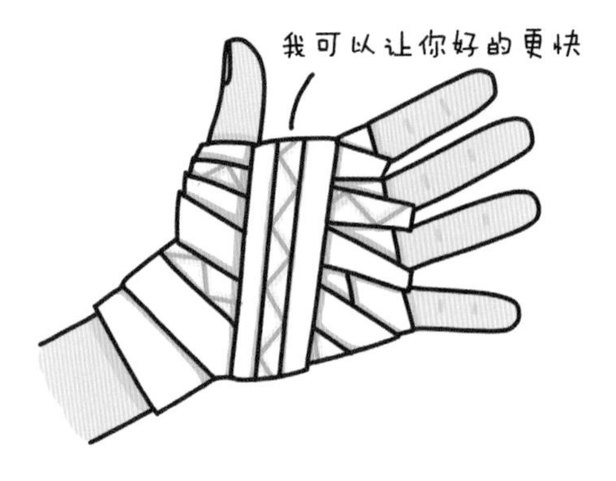

图 9-11 光纤和绷带的有效治疗

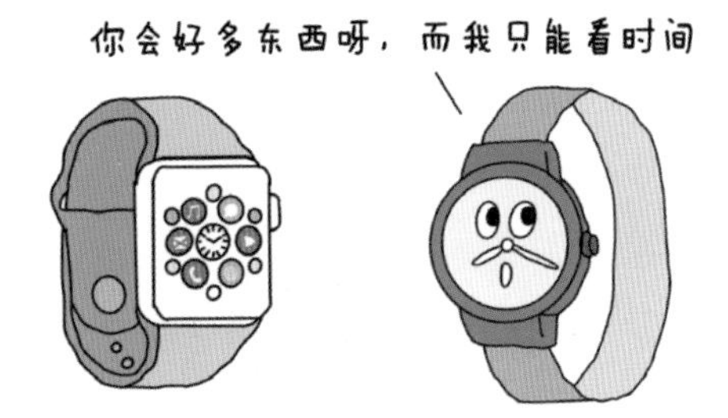

图 9-12 智能手表和机械手表

如今各种可穿戴智能设备已经深入到了我们的生活当中，比如越来越多的人都会佩戴智能手表，用于监测睡眠心率、血氧，以及运动状况，并且能够分析感知人体的异常状况等。

衣服作为我们几乎 24 小时都要接触到的物品，如果能够监测我们身体的信号，就不用再专门佩戴特定的手环进行监测。现在很多研究中，将镀银纤维、记忆金属纤维、导电纤维等新兴的织物材料植入到服装中。这些“智慧”的服装可以辅助提升运动能力、实现健康检测、实现智能生活等。

我们已经知道了光纤布拉格光栅是一种常用的光纤传感器，可以测量温度、应变、位移、速度、加速度等，它同样可以用作光纤织物，对人体的呼吸、心跳、脉搏等进行检测。

智能服装装置最核心的两个部分是中央处理单元和生物传感器。当病人出现血压升高或者血氧饱和度不够等突发状况时，信号作用到光纤传感器上，传感器将我们的身体信号转换成机器能够识别的信号，进行处理，再发送到中央处理单元，进而向我们发出警报。

在这个过程中，传感器就像身体信号的观察员，用来时刻观察着不正常的信号，中央处理单元就像警报员，当观察员发现不正常信号时，将信号报告给警报员，由警报员做出警报，可以更快地发现身体出现的问题。

智能服装应用了很多先进的技术，比如人机交互和智能传感等，它就好像一个贴身小医生，可以及时响应身体发出的各种微小的“警报”，做出相应的诊断。

这些可穿戴的智能服装有很多的功能优点，但同样也存在着很多需要解决的问题，比如耗电量问题、清洗问题，以及服装整体的重量、舒适度、耐久性等。

由于智能服装需要采用一些特殊材料，对于敏感皮肤来说，会存在一些潜在不利因素。指甲表面、外耳、嘴内、牙齿、角膜等智能替代物也是科学家们的研发方向。例如，牙齿和指甲具有测量生化标记和生物物理信号的能力，并且适用于长期监测，而且没有刺激风险。

织物传感器作为人体运动状态的监测手段，是传感器、计算机图形学、计算智能等跨领域交叉的问题，也是新兴、重要且有探索的方向。

图 9-13 在人体不同部位具有各类功能的柔性可穿戴智能纺织品的结构示意图和应用：（a）~（h）可用于心率监测、柔性电子键盘、动作识别、触觉传感阵列、压力监测、智能鞋底等；（i）~（r）可用于能量收集、风向传感器、电子皮肤、脉搏监测、智能义肢、运动跟踪、计步器 / 计度仪、睡眠监测、下降监测等 /Jaehong Lee et al, 2020

科学家们对隐身技术渴望的灵感来自于大自然 / WIKIPEDIA

10

隐身斗篷

隐身斗篷

隐身，是人类一直以来梦寐以求的超能力之一。在小说《哈利·波特》和漫画《哆啦A梦》中，隐身斗篷都展现出了其神奇的用法。但是归根到底，这些只是虚构的故事，现实生活中有办法让我们实现隐身吗？

图 10–1 隐身斗篷

其实，科学家们已经在研究如何制造隐身材料了，而且已经取得了一些成果。但是要想真正实现隐身，还有很多困难和挑战。让我们一起来看看，隐身斗篷是如何工作的，以及未来可能会有什么样的隐身技术吧。

光隐身的原理

大家应该已经知道，我们为什么能看见物体了。这是因为物体反射或者散射了光线，然后光线进入了我们的眼睛。那么，要想实现隐身，就要让物体不反射或者散射光线，或者让光线绕过物体。这听起来很简单，但其实背后的原理非常的复杂。

首先，如果一个物体不反射、也不散射光线，而是吸收了所有的光，那么它就会变成一个绝对黑体，而不是隐身，所以这种方法并不可行；其次，如果一个物体不吸收光线，而是让光线全都透过去变透明，确实有隐身功能，但这需要改变物质本身属性，目前不具有可行性。

图 10-2 看不见的黑体和透明体

那么究竟如何才能实现隐身斗篷呢？答案是：让光线弯曲。光从我们身边绕过去，就相当于把物体从视觉空间中消除，这样我们就可以实现完美隐身了。

让光弯曲的材料

科学家们绞尽脑汁，发明了一种叫做超材料的东西，它可以改变光线的传播方向和速度。它由很多微小的结构单元组成，比如金属环或者线圈等。这些结构单元可以像小磁铁一样，产生一种特殊的场，让光线发生弯曲。这就相当于给光线附上了一台定位导航，让它绕过我们想要隐藏的物体，从而达到隐身的效果。

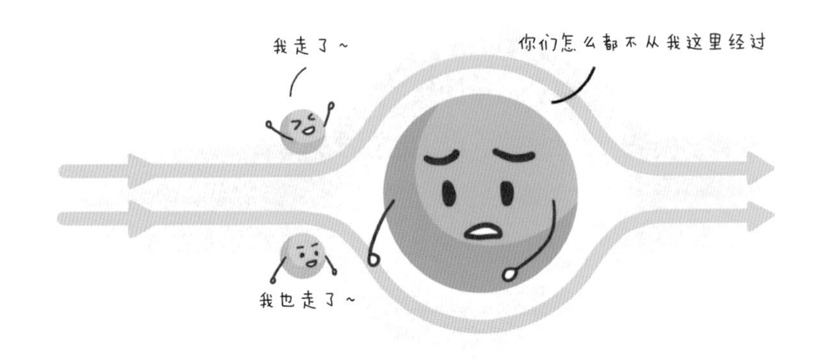

图 10-3 弯曲的光线

但是要实现这一定位导航并不容易，其中最关键的一点因素是——负折射。在前面我们已经学习到了，负折射材料就是折射率小于0的材料。

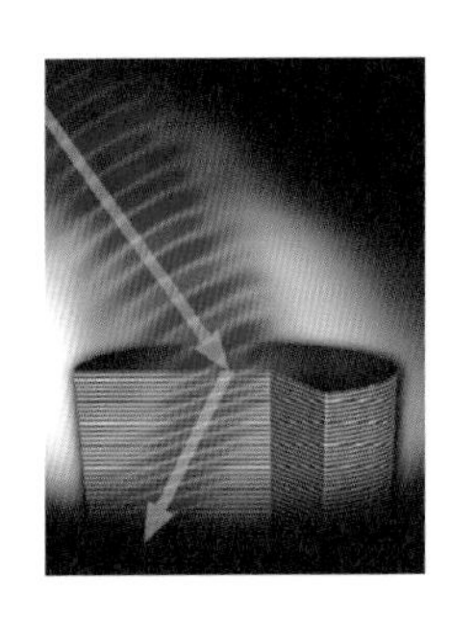

图 10-4 负折射率超材料令光线以迥异于平常的正折射率材料不同的方式折射或弯曲

超材料的关键就是它的折射率，也就是它对光线的影响程度。一般来说，自然界中材料的折射率都是正的，也就是说它们会让光线向内弯曲。但是超材料具有负的折射率，也就是说它们会让光线向外弯曲。这样就可以改变光线正常折射的方向，从而实现隐身的目的。

利用超材料负折射率的特性，科学家们可以设计出一种特殊的结构，让光线从一个方向进入时，在超材料的作用下，绕过中间的圆形区域，然后从另一个方向出去，就好像中间什么都没有一样。这就是隐身斗篷的原理。如图就是一个光隐身的示意图，我们可以看到，当有隐身斗篷的时候，散射光场井然有序，达到隐身的效果。

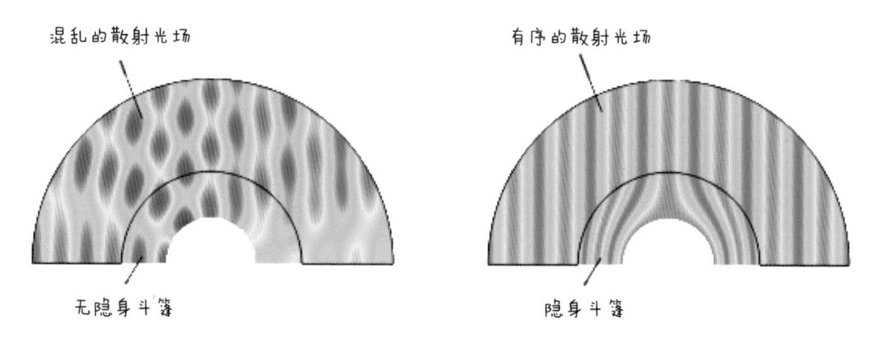

图 10–5 光隐身模拟

光隐身技术的应用

方解石隐身盒就是利用方解石这种透明的矿物，达到隐身的效果。方解石具有双折射的性质，让光线从不同方向进入时产生不同的折射角度，从而隐藏盒子内部的物体。当光线从方解石隐身盒左上方射入时，它会被方解石分成两束，从不同的方向射出去。

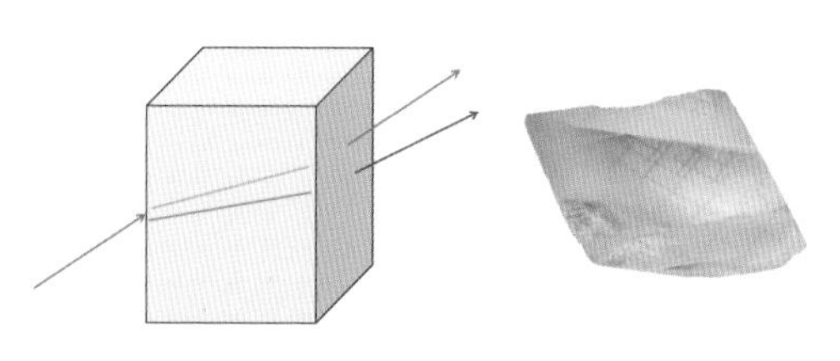

图 10–6 方解石晶体的双折射现象

当物体放在方解石隐身盒后面，就会发现方解石后面的那部分物体神奇地“消失”了。

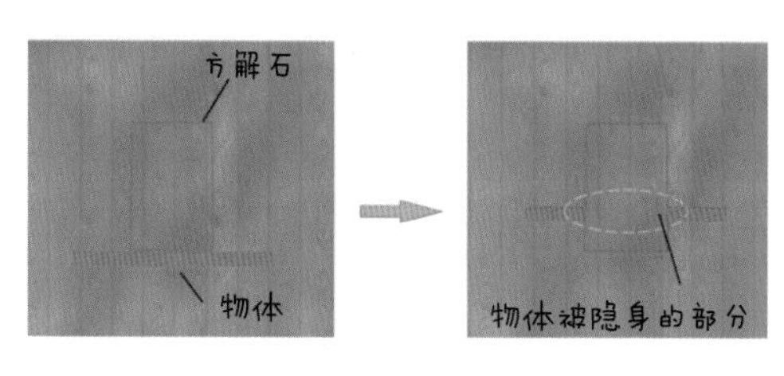

图 10–7 方解石隐身盒

光学迷彩是利用一些高科技设备，如摄像头、投影仪、传感器等，捕捉背景的图像，并将其投影到物体表面，从而让物体与背景融为一体。这种技术需要复杂的硬件支持，并且只能隐身于特定环境。当摄像头捕捉到背景的图像后，投影仪就会将其投影到物体表面，从而让物体看起来像是透明的一样。

图 10-8 光学迷彩隐身

隐身斗篷的展望

随着科技的不断进步，还有哪些隐身技术是值得我们期待的呢？

全频段隐身斗篷，能够让光线在任何频率下都绕过物体，从而实现完美的隐身效果。这种技术需要解决超材料的多频率响应和微观结构制造的问题。如果有了全频段隐身斗篷，我们就可以在任何光照条件下都隐身，不管是白天还是黑夜，不管是可见光还是红外线。

动态隐身斗篷，能够根据环境的变化，自动调节超材料的参数，从而适应不同的光照条件和背景。这种技术需要解决超材料的可调节性和智能化的问题。如果有了动态隐身斗篷，我们就可以在任何环境下都隐身，不管是草地还是沙漠，不管是静止还是移动。

双向隐身斗篷，能够让我们在隐身的同时，也能看到外面的世界。这种技术需要解决超材料的透视性和视觉传输的问题。如果有了双向隐身斗篷，我们就可以在隐身的同时，也能观察周围的情况，不会失去方向或者错过机会。

隐身技术是把双刃剑

如果有了这些隐身技术，我们就可以用它们来做很多有趣和有用的事情。比如探索未知领域，我们可以用隐身斗篷去一些神秘的地方，如深海、外星球等，不用担心被发现或者受伤。也可以用作军事行动，来进行一些秘密或者特殊的任务，比如侦察、潜入、救援等，不用担心被敌人发现或者攻击。

隐身技术虽然还有很多困难和挑战，但是科学家们并没有放弃探索和创新。随着超材料、光刻技术、量子物理等领域的不断发展，我们相信，在不久的将来，就能看到真正实用的隐身斗篷出现在我们眼前。那时候，你会怎么使用它呢？

总之，隐身技术是一个非常神奇和有趣的科学领域，它让我们对自然界有了更深入的了解和掌握，也让我们对未来有了更多的想象和期待。我们应该对隐身技术保持好奇和敬畏的心态，既要欣赏它的美妙和奇妙，也要注意它的风险和挑战。只有这样，我们才能真正享受隐身技术带给我们的快乐和收获。

隐身斗篷不仅是科学的奇迹，也是人类的梦想。我们期待着有一天，能够像哈利·波特和哆啦 A 梦一样，拥有属于自己的隐身斗篷！

图 10–9 隐身斗篷和外星人

激光加工

11

最快的刀
——飞秒激光加工

最快的刀——飞秒激光加工

激光器和核能、半导体、计算机并列，被誉为 20 世纪最为重要的发明之一。经过数十年的发展，激光器在日常生活、工业生产和国防等领域获得了十分广泛的应用。不论是老师上课时使用的红色激光笔、自动驾驶汽车上安装的激光雷达、光通信中使用的半导体激光器，抑或是战斗机上搭载的激光武器，其最核心的部件都是激光器。除此之外，激光还有一个十分重要的应用领域——激光加工。

图 11-1 激光用于金属切割

激光的特点

为什么激光可以用于加工，而普通的光往往只能用于照明和显示呢？这就不得不提到激光的两大特点——亮度高和方向准了。

亮度高：在激光被发明之前，人类所拥有的亮度最高的光源是超高压氙灯，其亮度约为 10^9 尼特。然而，一支功率仅 5 毫瓦的红色激光笔，其亮度就可以超过 10^{13} 尼特，达到高压氙灯的一万倍以上

方向准：大家观察手电筒或汽车车灯就会发现，光传得越远，光斑就越弥散，照明范围往往不超过 100 米。然而，无论是在科幻电影中出现的激光武器，还是高楼楼顶发出的绿色激光，它们都像直线一样传播而不会明显发散。激光准直性好的特性使我们可以高度准确地控制光束的作用位置，便于进行高精度、非接触式的加工。

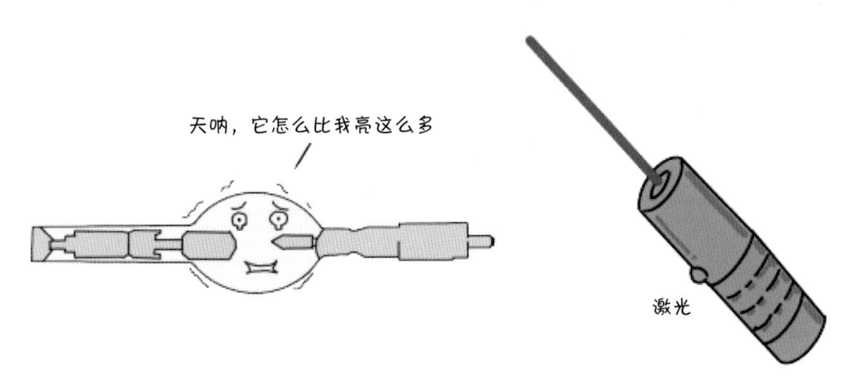

图 11-2 超高压氙灯和激光笔

飞秒激光器简介

激光器可以分为连续激光器和脉冲激光器两大类。连续激光器是指输出功率保持恒定的激光器，脉冲激光器则是指输出功率周期性变化，在周期的大部分时间为零而在短时间内骤然输出的激光器。如果把连续

激光器比作一条自由流淌的大河，脉冲激光器则好比是一条修筑有水坝的大河。水坝在平时把河水截断，等水储蓄到一定高度才把闸口打开，从而在短时间内获得非常大的峰值流量。由于上游来的河水总量是一定的，因此峰值流量并不能持续很久，放水的持续时间将远远短于蓄水的时间。

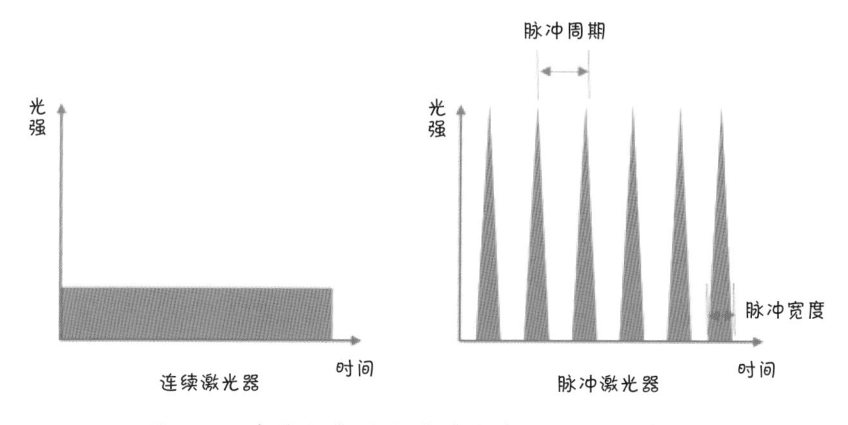

图 11–3 连续激光器和脉冲激光器的输出特性对比

图 11–4 2018 年的诺贝尔物理学奖与飞秒激光紧密相关

脉冲激光器有两个重要的性能指标，一个是脉冲宽度，即单个脉冲的持续时间；另一个则是脉冲周期，指两个脉冲之间的时间间隔。在平均功率和脉冲周期保持一定的情况下，脉冲宽度越窄，瞬时功率就会越高，激光的“威力”也就越大。当前，市场上主流的脉冲激光器包括纳秒激光、皮秒激光和飞秒激光三大类。纳秒、皮秒和飞秒是依次递减的时间单位，分别代表 10^{-9} 秒，

10^{-12} 秒和 10^{-15} 秒。通常，如果激光器输出的脉冲宽度不超过 500 飞秒，即 5×10^{-13} 秒，我们就可以将其归结到飞秒激光器的行列中。

飞秒激光器是当前激光器领域中最闪耀的明珠之一，要稳定地产生脉冲宽度如此之短的脉冲，需集成半导体光泵浦、锁模和啁啾脉冲放大等多项先进技术。2018 年，法国科学家热拉尔·穆鲁和加拿大科学家唐娜·斯特里克兰因发明了产生飞秒脉冲所必不可少的啁啾脉冲放大技术（Chirped Pulse Amplification,CPA)，而与发明光镊技术的美国科学家阿瑟·阿什金共同获得了该年度的诺贝尔物理学奖，足以体现飞秒激光对于科学研究以及工业生产的重要意义。

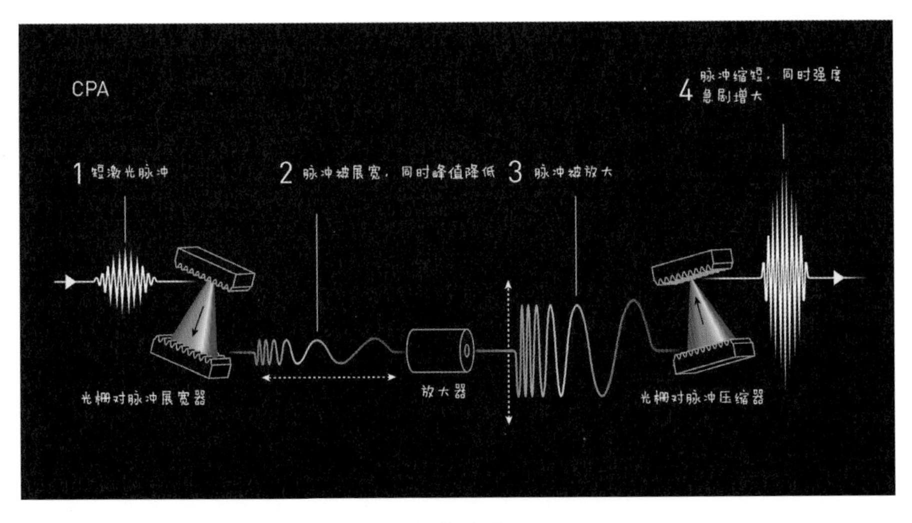

图 11–5 啁啾脉冲放大 /John Jarnestad
（The Royal Swedish Academy of Sciences）

飞秒激光加工的原理

在飞秒激光和连续激光平均功率相同的情况下，由于飞秒激光器将能量集中到很短的时间尺度中一次性输出，就可以获得非常惊人的峰值功率。对此可以做一个简单估算：假如飞秒激光的功率是 2 瓦，脉冲

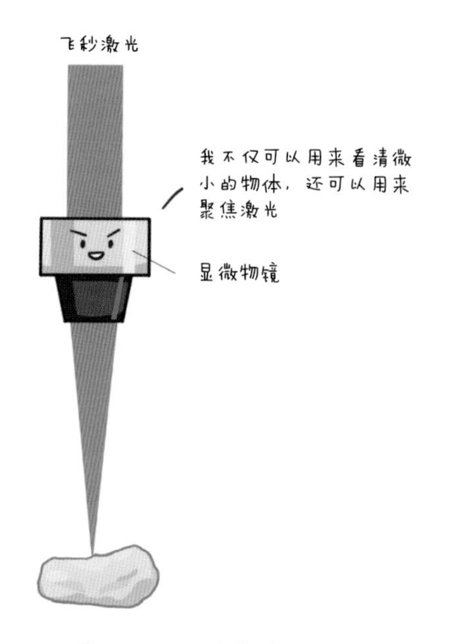

图 11-6 飞秒激光加工的原理

周期为 0.001 秒，即每秒输出 1000 个脉冲，则单个脉冲包含的能量为 0.002 焦耳。别看 0.002 焦耳并不起眼，可如果把这份能量集中到宽度为 100 飞秒的时间尺度中去，那么根据“功率 = 能量 / 时间”的关系，峰值功率可以达到 2×10^{10} 瓦。作为对比，巨大的三峡大坝满负荷运转时的发电功率是 2.25×10^{9} 瓦，仅仅只有飞秒激光器峰值功率的十分之一左右。

地球表面的太阳光的亮度要远远低于激光，但如果大家利用放大镜将阳光聚焦到一个小点上，局部的温度将达到数百摄氏度，足以点燃纸张。利用相同的原理，如果我们将飞秒激光经过显微物镜聚焦到非常小的空间尺度上，由于飞秒激光的峰值功率远远高于地球表面的太阳光，此时产生的瞬时高温不仅可以用于点火，甚至连金刚石等最为坚固的固体材料也会被迅速汽化，这就是为什么飞秒激光被誉为“最快的刀”。

飞秒激光近视手术

据国家卫健委 2020 年的一份调查报告，我国青少年近视率高达 52.7%，其中高中生的近视率超过 80%，近视问题给个人的日常生活乃至整体国民健康带来了较为不利的负面影响。近视的成因主要包括两类情况，一类是角膜或晶状体的曲率过大导致对光线的弯折能力太强；另一类则是角膜和晶状体正常但眼轴长度超过了正常值。上述两类情况都导致本应会聚在视网膜上的图像聚焦在视网膜前，导致视网膜上呈现的图像变得模糊。

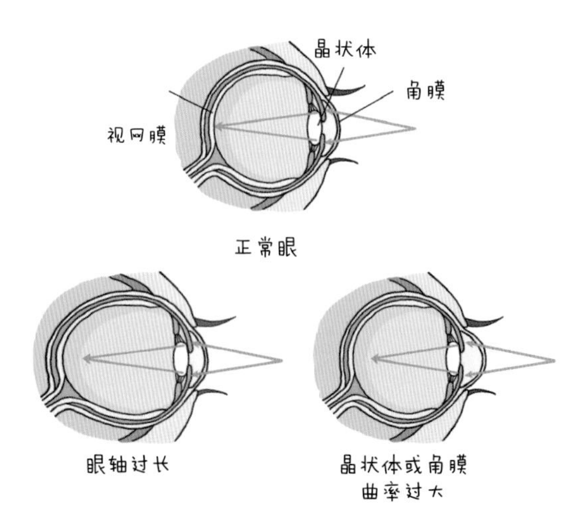

图 11-7 近视的成因

如果利用飞秒激光对角膜进行精准的切削，减小其曲率，就有可能使图像重新聚焦在视网膜上，这就是激光近视矫正手术的原理。具体而言，激光近视矫正手术可以分为四个步骤：第一个步骤是将飞秒激光聚焦在角膜表面下方 100 微米左右的位置进行烧蚀，制作可以翻开来的角膜瓣；第二个步骤是将角膜瓣翻开，露出角膜基质体；第三个步骤是利用准分子激光对角膜的基质体进行切削，调节角膜的有效焦距，使光能够正常汇聚到视网膜上；最后一个步骤则是把角膜瓣盖回角膜基质体。

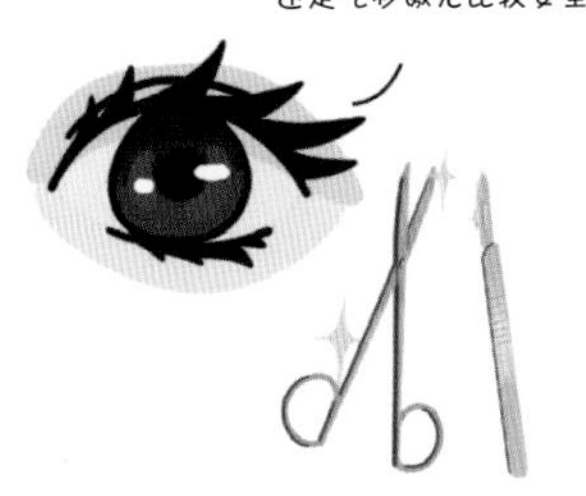

图 11-8 飞秒激光近视手术的安全性

传统的近视矫正手术中，医生需采用角膜板层刀来切割角膜瓣，这种方法对医生的操作水平有较高的要求，切割精度较低，时常有角膜穿孔、角膜瓣脱落等医疗事故的发生。

而激光近视手术则使用经精密聚焦的飞秒激光来切割角膜瓣，激光的作用轨迹由计算机依据先进的定位算法精确控制，切割精度达 10 微米左右，而人工操刀的精确度只能达到 50 微米左右。另外，由于激光加工的非接触式特性，激光近视手术不再需要使用物理刀片，手术过程中的感染风险被大大降低。

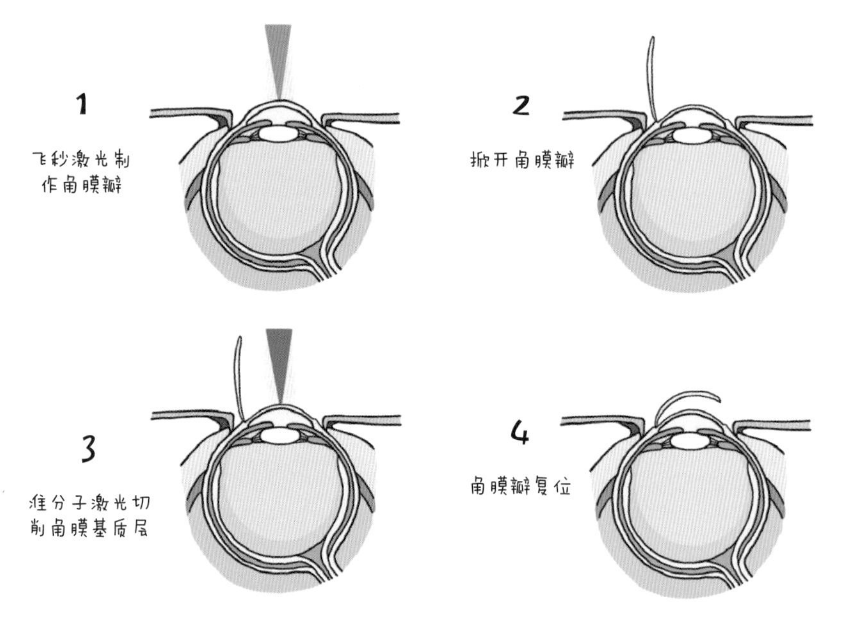

图 11–9 激光近视矫正手术的流程

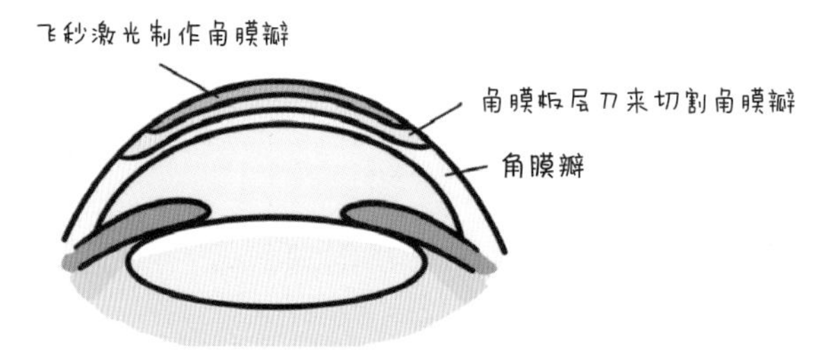

图 11–10 飞秒激光和角膜板层刀制作角膜瓣

飞秒激光精密切割

激光在二十世纪六十年代被发明出来后，由于其准直性好、能量密度高的特点，研究者们最初想到的应用场景之一就是切割。在飞秒激光大规模商用化之前，激光切割主要使用高功率的二氧化碳激光器或光纤激光器，这两类激光器的最大输出功率可达 100 千瓦以上，与几十台空调同时工作所需要的功率相当。在这样强大的能量面前，即使是几厘米厚的钢板也可以轻松切断。激光的切割效率远远高于传统的砂轮切割，同时不必担心切割刀具的磨损，因此在航空航天、国防军事、机械制造等领域受到广泛青睐。然而，随着当代科技向集成化、小型化的方向发展，上述两种大功率激光切割虽然可以高效切断材料，但附带的热效应过大，容易对切口周围的材料产生损伤，无法满足一些精密切割的应用需求。

飞秒激光切割的热效应要比二氧化碳激光切割要小很多，一方面是因为飞秒激光本身平均功率较小，商用的飞秒激光器平均输出功率通常不超过 100 瓦，仅与一盏家用白炽灯消耗的功率相当。另一方面则是因为飞秒激光的脉冲宽度极短、峰值功率极高，因此可以直接使材料迅速汽化进而有效地带走热量。目前，飞秒激光已被研究者用于金属、碳纤维、玻璃和蓝宝石等多种材料的精密切割。尤其在切割玻璃等硬脆材料的领域，飞秒激光相对于传统的刀具切割法具有明显的优势。

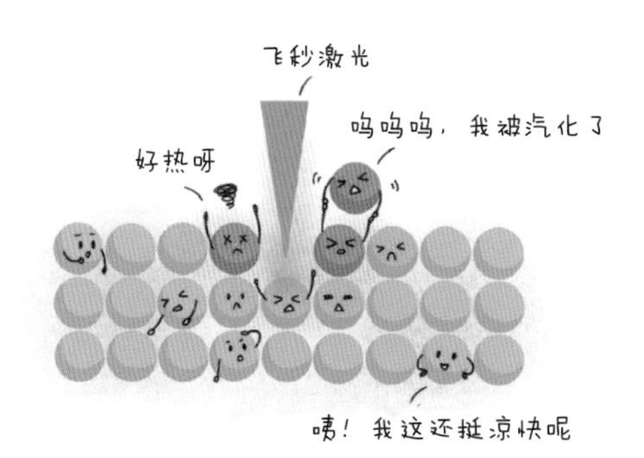

图 11–11 飞秒激光不会对焦点周围的材料产生明显的热效应

传统上，人们通常使用金刚石刀来对玻璃进行切割。金刚石刀的主体为金属，但刀刃上镀有一层薄薄的人造金刚石。由于金刚石的硬度极高，如果施加足够的压力，刀刃就可以在玻璃表面产生一道划痕，只需稍微施加外力即可将玻璃掰断。这种方法虽然能够高效切割大块玻璃、切面较为光滑平整，却容易对刀具产生磨损，而且这种接触式的加工方式难以满足曲面手机屏幕等特殊形状玻璃的切割需求。

利用飞秒激光则可以更高效地切割玻璃。通过合适的显微物镜，激光可被聚焦到直径 1 微米左右的焦点上，焦点处的峰值功率密度可达到十万亿瓦每平方厘米，温度将在极短时间内升至数千摄氏度以上，导致焦点附近的原子被迅速汽化。通过先进的运动控制系统，待切割的玻璃可沿设定的轨迹高精度地运动，从而得到所需要的形状。

随着飞秒激光加工技术的蓬勃发展， 研究者又提出了更加先进的切割思路“隐形切割”。刚刚介绍的切割方式是将飞秒激光聚焦在材料表面进行烧蚀，但研究者发现，如果将飞秒激光聚焦在材料内部，形成的微空腔和微裂纹也将大大降低材料的强度，产生与表面烧蚀几乎相同的效果。然而，表面烧熔会产生表面颗粒物、灰尘污染及崩边等问题。而隐形切割则完全克服这些缺陷，表面无污染，也不容易出现崩边，因此已经广泛应用于半导体产业的晶圆切割中。

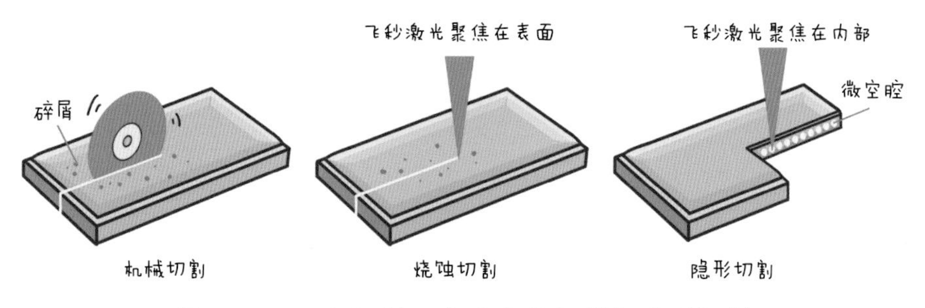

图 11-12 刀具切割、表面烧蚀切割与隐形切割

飞秒激光 3D 打印

飞秒激光加工主要可分为两大门类，若是利用飞秒激光进行切割、烧蚀等加工，则可以归结为“减材制造”；而如果是利用飞秒激光诱导发生特定的化学反应，使聚合物大分子以我们想要的结构在空间中有序地交联固化，就属于“增材制造”的范畴。大家或许对“增材制造”这个概念有些许陌生，但如果提起它的另一个名字“3D 打印”，相信大家一定有所耳闻。3D 打印有多种技术路线，包括熔融沉积快速成型法、光固化成型法、三维粉末粘接法等，在此主要为大家介绍光固化成型法的基本原理。

光固化成型法采用光聚合法通过光照射让小分子链接，形成聚合物。这些聚合物构成了固化的立体 3D 物件，其主要流程分为三个阶段。第一阶段，激光聚焦在光敏树脂中，促使光敏树脂中的光引发剂吸收能量，跃迁至激发态并裂解产生具有高度反应活性的自由基；第二阶段，自由基对光敏树脂分子链中的碳碳双键进行攻击使其断裂，形成大量的不饱

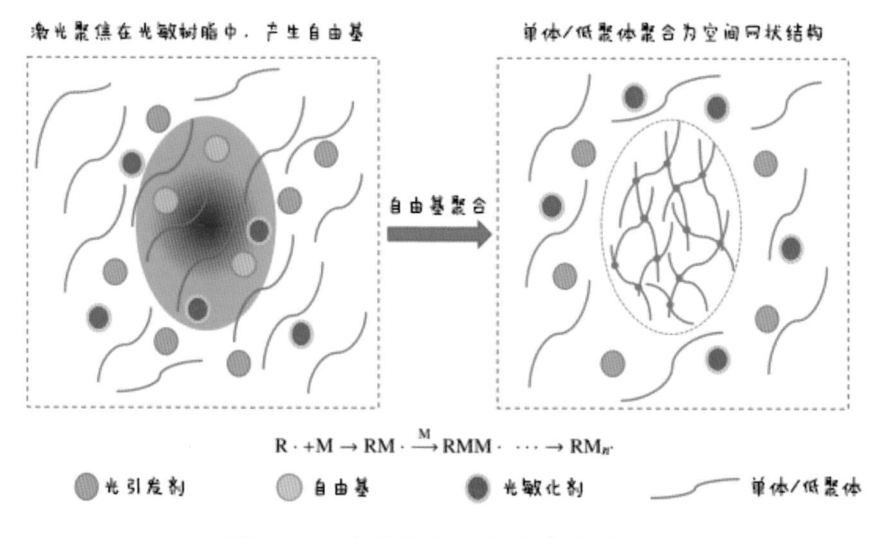

图 11-13 光固化成型法的基本原理

和碳原子；第三阶段，不饱和碳原子相互之间可发生聚合反应，导致链与链之间发生交联，进而固化为网状结构。

根据爱因斯坦提出的光子能量公式 $\varepsilon = hc/\lambda$，光波波长 λ 越短，光子能量 ε 就越大。传统的光固化成型法采用紫外激光，由于紫外光的波长短，光引发剂只需吸收一个紫外光子就足以跃迁至激发态发生裂解，进而使光敏树脂发生聚合反应，故称为单光子聚合。而飞秒激光 3D 打印基于多光子聚合效应，所谓“多光子”指的是光引发剂同时吸收多个低能量的红外光子才能跃迁至激发态，这是只有在光强极高的情况下才有可能发生的非线性效应。除飞秒激光外，其他激光难以提供引发这种效应所需的光强。

在单光子聚合的情况下，光敏树脂发生聚合的概率 P_1 与光子的密度，也就是光强 I 成正比。而多光子聚合，例如当吸收的光子数等于二，因为需要同时吸收两个光子，可以认为吸收单光子的过程连续发生了两次，在即聚合的概率为 $P_2 = P_1 \times P_1 = (P_1)^2$。因为 P_1 是与光强 I 成正比的，因此 P_2 与光强的 I^2 成正比。激光的光强在横截面上的分布通常满足中间高两边低的高斯曲线分布，进行平方之后，分布曲线将变得更加陡峭，因此可以实现更高的空间分辨率。

目前主流的单光子 3D 打印机的分辨率多在 10 微米量级，而基于多光子聚合效应的飞秒激光 3D 打印机已经可以实现 100 纳米左右的横向分辨率和 1 微米左右的纵向分辨率，实现了一至两个数量级的提升。飞秒激光 3D 打印技术不但具有百纳米级的高精度，而且相比电子束光刻 EBL 和聚焦离子束刻蚀 FIB 等传统的微纳加工技术还具

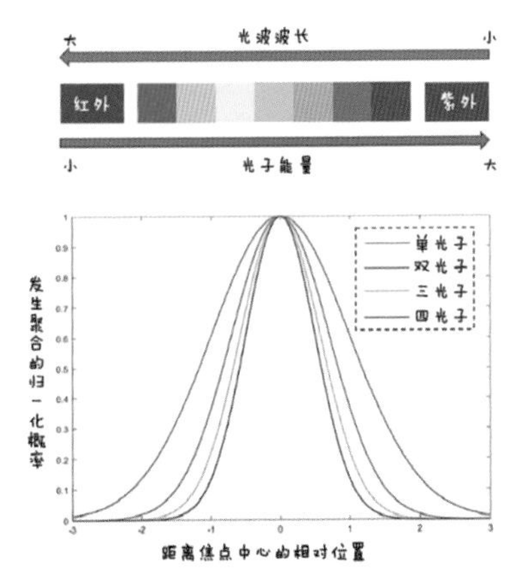

图 11-14 多光子聚合具备高空间分辨率的原因

有无需真空环境、设备简单、操作便捷等优点，因此已经在光子学、材料科学和生物医学等学科的微纳器件制备领域中获得了广泛的应用。

在铌酸锂晶体中制备铁电畴结构，在非线性光学、非易失铁电存储等领域有广泛的应用前景。早在二十世纪八十年代，南京大学的研究小组就采用晶体生长条纹技术在铌酸锂晶体中得到了周期为几微米的铁电畴阵列结构（光学超晶格）。最近，南京大学的研究团队发展了一种新型非互易激光极化铁电畴技术，将飞秒脉冲激光聚焦于铌酸锂晶体内部进行直写，首次实现三维空间纳米铁电畴的可控制备。

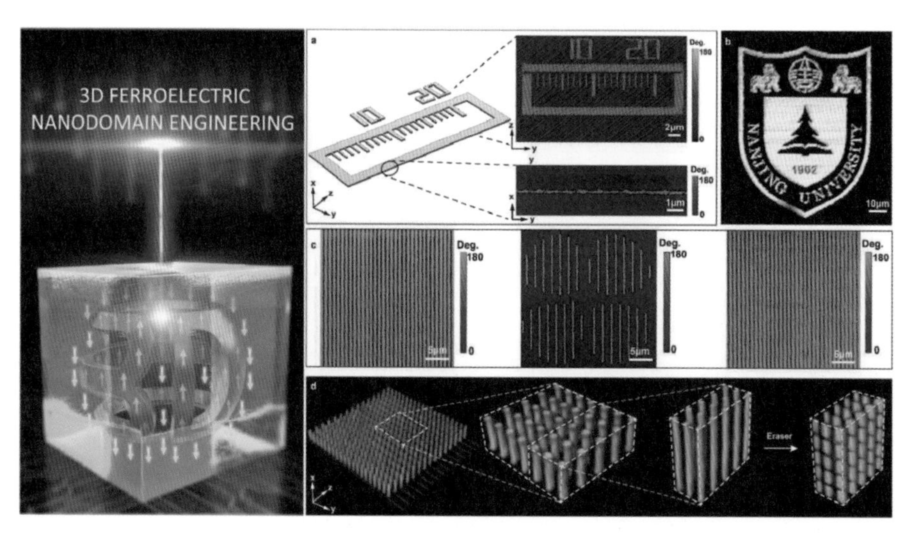

图 11-15 飞秒激光 3D 打印纳米铁电畴

"NJU" 的全息投影

12

记录和重现“立体的光”——全息 3D 显示

记录和重现“立体的光”——全息 3D 显示

全息？光的全部信息！

在科幻电影中，我们经常能看到这样一种黑科技——惟妙惟肖的 3D 影像凭空出现，甚至能将远在天边的人“传送”至眼前。这就是神奇的全息显示技术！它能够非常逼真地投影出 3D 物体或场景，不过，这些看似真实的物体其实只是“立体的光”，看得见却摸不着，就像凭空出现的“海市蜃楼”。

图 12-1 摸不着的全息投影

生活中，我们常通过拍照来记录眼前的场景。3D 场景化作一张张照片，也就是“平面的光”。照片中的颜色，对应着光的波长；照片中的明暗，对应着光的强度。而全息，意味着光的全部信息。

图 12-2 水面的涟漪

除了波长和强度，它还会记录光的另一种关键信息——相位。

相位，描述的是一个波在特定时刻处于循环中的位置：一种它是否在波峰、波谷或者它们之间某点的标度。假如把光的传播比作水面泛起的涟漪，那么光的相位就像是涟漪的起伏，会随着空间、时间变化，代表了光的实时振动状态。在全息记录过程中，从不同深度反射回来的光往往经过了不同的光程，带有不同的相位。正是光的相位，让全息技术能够重现“立体的光”，构造出逼真的 3D 影像。

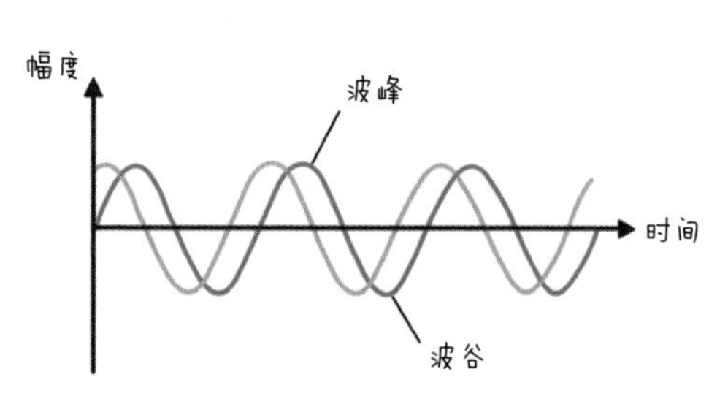

图 12-3 不同相位的波

全息实现原理

全息一般分为两步——记录和重现。第一步，我们需要同时记录光的强度和相位。可是，胶片、相纸等传统手段都只能记录光强，光的相位该如何记录呢？针对这一难题，科学家发明了一种基于“光的干涉”的好办法。光的干涉现象指的是，当满足干涉条件的两束光重叠在一起，叠加后的光强未必是两束光各自的光强之和，而是取决于两束光的相位关系。如果两束光相位相同，叠加后的光强最强，称为相长干涉；如果两束光相位相反，叠加后的光强最弱，称为相消干涉。

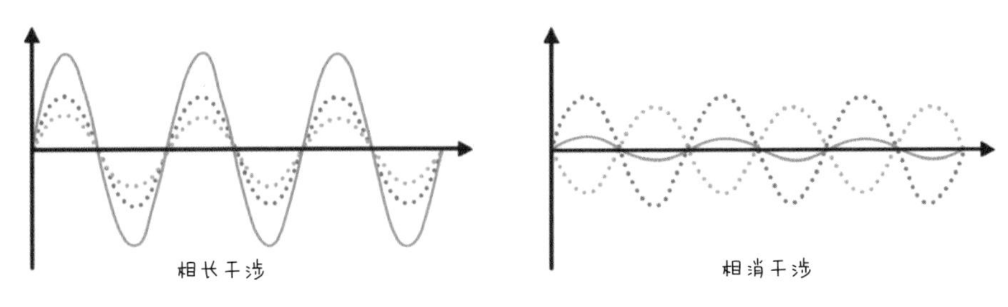

图 12-4 相长干涉和相消干涉

在全息中，如果用一束参考光与 3D 物体反射的光进行干涉，就会形成明暗相间的干涉条纹。由于参考光的特性是已知的，这些干涉条纹的明暗分布主要取决于 3D 物体的特征。它们表面上看只是光强信息，可以用胶片等传统手段记录下来，实际上却隐藏着光的相位，包含着物体的 3D 信息！

记录着明暗条纹的特殊材料，通常被称作全息图。第二步，我们只需要用光照射全息图，就能重现 3D 物体的影像。其原理是，光束经过全息图后，会被全息图中的明暗条纹调制，从而在特定的出射方向上，完整还原出之前所记录的光强和相位。因此，尽管 3D 物体并未真实地存在于眼前，我们也能从多个角度观察到它的虚像，就如同它真实存在一样。

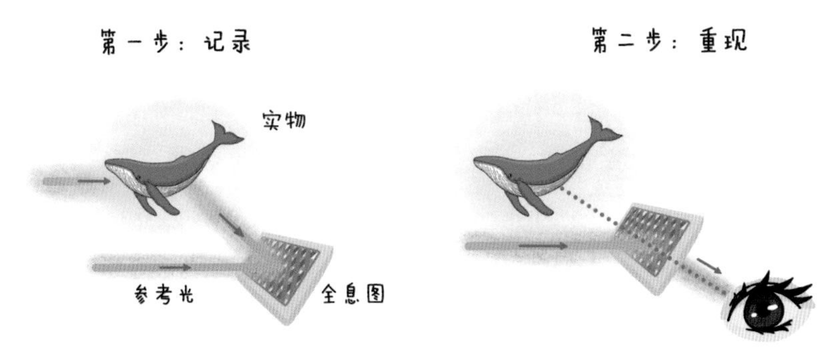

图 12-5 全息的记录和重现

计算全息

随着计算机技术的发展，我们甚至可以自由发挥想象，通过计算来重现真实世界不存在的 3D 物体。这种技术被称为“计算全息”。计算全息技术无需记录 3D 物体的实物信息，而是根据想象中的 3D 物体形貌，直接计算得到相应的明暗条纹，并利用空间光调制器等调光媒介生成全息图。类似的，只要用光照射这种“计算全息图”，就能显示出我们想象中的 3D 影像。

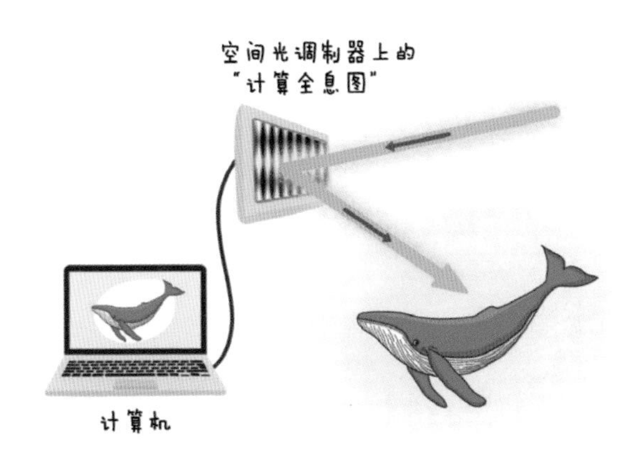

图 12-6 计算全息技术

真全息 vs 伪全息

除了全息，一些其他显示技术也能让我们看到 3D 影像。这些技术呈现的 3D 视觉效果与全息有相似之处，因此常常和全息技术混为一谈。但实际上，它们大多是全息界的“六耳猕猴”——伪全息。

比如，舞台表演中栩栩如生的虚拟影像，其实并没有用到真正的全息，而是利用了一种光学错觉技术——“佩珀尔幻象”。如果将 2D 影像投影到地面，并将一半透光、一半反光的玻璃或投影膜倾斜 45 度角放在舞台上，观众就能同时看到舞台上的真实表演场景以及 2D 投影位于舞台上的虚像。真实表演场景是基于玻璃透光特性，而舞台上的虚像是基于玻璃反光特性。再结合特殊的动画、灯光效果，就会让观众产生真实、立体的错觉。

图 12-7 佩珀尔幻象

据报道，在 2017 年的法国总统大选中，总统候选人梅朗雄就借助伪全息技术，实现了“分身术”，同时出现在多个分会场进行竞选演讲。2022 年的跨年晚会上，歌手邓丽君跨时空惊喜亮相，栩栩如生，也是依靠了伪全息技术与 3D 建模、渲染、动作捕捉、声音合成等技术的融合。

和高难度的真全息相比，伪全息同样能产生逼真的 3D 视觉效果，而实现起来却要容易不少。甚至，只需要一张白纸、一把剪刀、一张透明塑料片、一卷透明胶带和一部手机，我们也能实现类似的 3D 显示效果。让我们一起动手试试看吧！

①在白纸上画一个等腰梯形（具体尺寸如图 12-9 所示），并剪下。

②借助梯形白纸，在透明塑料片上剪出 4 个与之大小相同的梯形。

③用透明胶带把 4 个梯形塑料片粘在一起，梯形之间腰与腰相连。

④用手机播放全息投影视频（可在视频网站搜索“全息投影视频”），把粘好的透明塑料片小口朝下，置于手机屏幕中央。

⑤从侧面观察其 3D 显示效果。

图 12-8《佩珀尔的幽灵》的舞台设置。舞台下方观众视线之外的明亮人物映照在表演者和观众之间的一块玻璃上。对于观众来说，就好像幽灵出现在舞台上一样

如何分辨真全息和伪全息？真全息是通过还原光的强度和相位来重现 3D 物体的。所以，从不同的方位观察，往往能看到物体不同角度的影像。而伪全息大多利用视错觉来制造立体感，本质上还是 2D 显示，通常只能从设计好的方位观察，换个视角可能就露馅了。

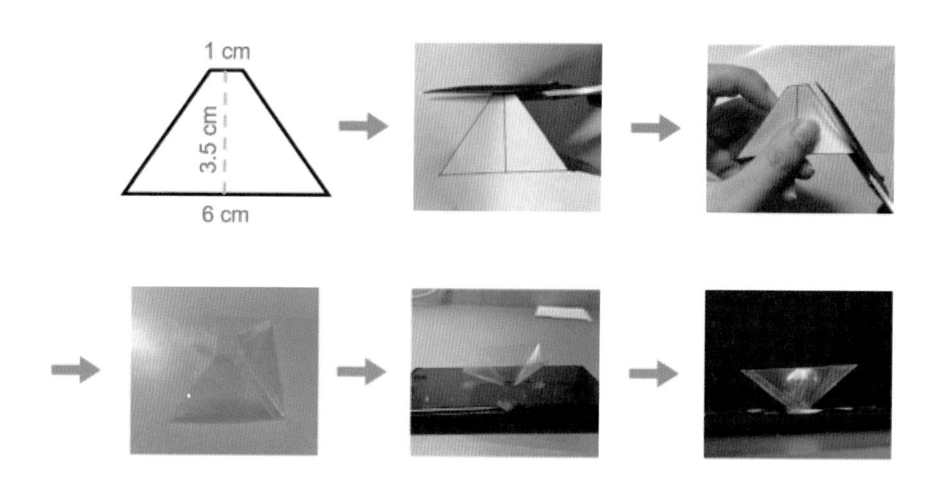

图 12-9 3D 显示科学小实验

全息离我们还有多远？

自 1947 年英国匈牙利裔物理学家丹尼斯·盖博提出了全息术的理论基础，全息技术不断发展。目前，静态的全息技术逐渐成熟。比如，在银行卡、身份证、护照等物品上，常利用全息技术进行防伪；在一些博物馆中，我们还能看到展品的全息 3D 影像。不过，动态、可交互、高分辨率的全息显示技术，依然离我们有些距离。要想真正实现科幻电影中炫酷的 3D 显示效果，还需要科学家们不断地探索与实践。

也许在不久的将来，人们就能借助全息技术，足不出户地聚会、逛街、旅游，身临其境地看展、看演出、看比赛，更加精准地做手术、做设计。

让我们共同期待这一天的到来吧！

1947年

Gabor 提出了全息术的理论基础

第一个商业全息照相机问世

1962年

1971年

Denisyuk 发明了“反射式全息”

1980年代

数字全息术、全息显示等技术发展

应用于飞行模拟、医疗诊断、演出等领域

1990年代

21世纪
继续蓬勃发展

图 12-10 全息技术发展历程

光纤通信艺术图

13

揭开量子通信的“庐山真面目”

揭开量子通信的“庐山真面目”

在科幻电影中常常有这种桥段，故事主角拥有超能力，想要告诉他的同伴一些重大秘密，可以无视眼前的一切窃听装置，直接将信息传递给队友，而中间的所有人都无法窃听想要传递的信息。

图 13-1 听不到的信息

这一切听起来不可思议，但是在微观世界中，量子力学告诉我们，这居然是真的，我们可以借助“量子纠缠效应”，实现传输高效和绝对安全的通信。如今，量子力学技术已经渗透到了我们生活中的方方面面，是半导体、核聚变、清洁能源以及量子计算机“九章”的基本原理。

时光穿越到1900年，牛顿力学体系取得了巨大成功。从宇宙中的巨大星体到地球上小小的沙粒仿佛都在按照牛顿构建的规则有条不紊地运行着。以至于开尔文在英国皇家学会上发表了题为“在热和光动力理论上空的十九世纪的乌云”的演讲，他说世界运行的一切原理都已经被发现了，物理学再也不会有任何突破性进展了，只是物理学的天空中还飘着两朵乌云。一朵乌云是迈克耳逊–莫雷实验与“以太”说破灭，另一朵就是基尔霍夫提出的黑体辐射问题。

图13-2 物理学天空的两朵乌云

1900年，普朗克通过假设能量量子化的方式初步给出了黑体辐射公式。1905年，爱因斯坦进一步提出了光子假设，成功地解释了光电效应。爱因斯坦认为光子不仅具有能量，而且与普通实物粒子一样具有质量和动量。1913年，玻尔在卢瑟福原有原子模型的基础上建立起原子的量子理论。1924 年，德布罗意提出一切微观粒子都伴随物质波的存在，所有的物质都具有波粒二象性。波粒二象性是指微观领域内的物质具有波动性和粒子性两种互相矛盾的特性。微观粒子既可以表现出粒子性，又可以表现出波动性。这些工作使量子论逐渐成熟。在此基础上，人们在不断探索的过程中，逐步发展出了量子力学。

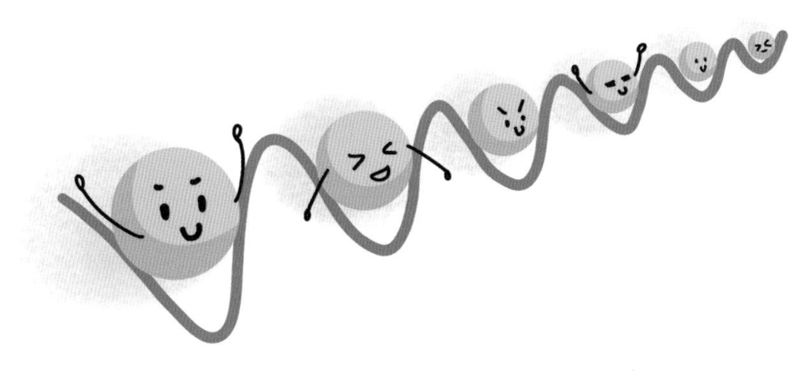

图 13–3 波粒二象性

什么是量子纠缠

首先我们要明白什么是叠加态。干涉是波的一种特性，德布罗意提出电子、原子等实物粒子也具有波粒二象性以后，德国物理学家克劳斯·约恩松首次利用电子进行双缝干涉实验。结果表明，电子确实能进行双缝干涉实验，通过双缝，产生了干涉条纹。当把电子的

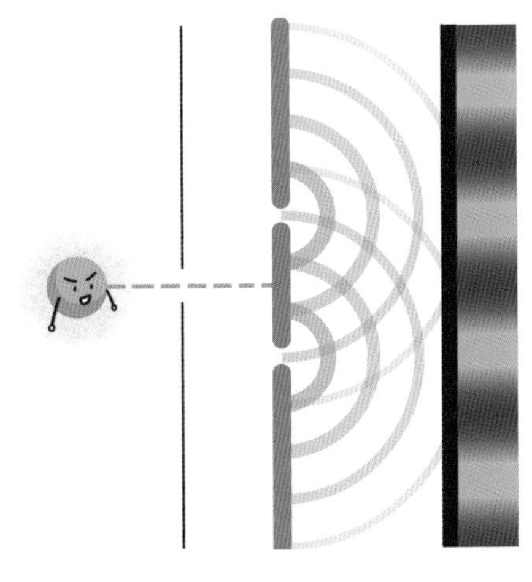

图 13–4 没有光子的情况下，电子的双缝干涉实验

发射强度调到最慢，慢到一次只有一个电子发射，实验证明，即使只发射一个电子，最终也能探测到双缝干涉条纹。

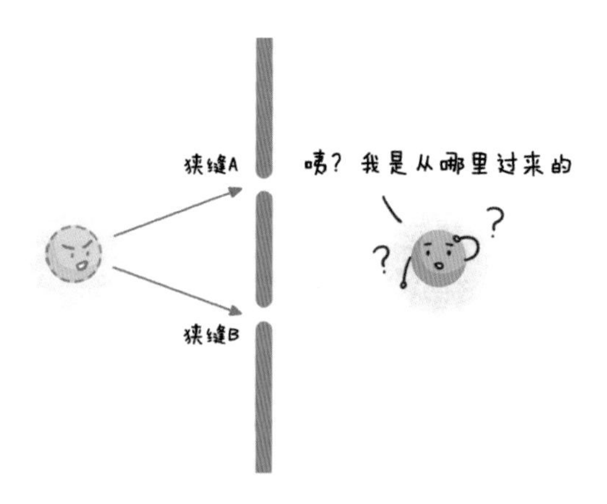

图 13-5 电子穿越狭缝具有不确定性

但如果人们想看电子究竟是通过哪一条缝，实验的结果是，人们一旦看到电子通过哪一条狭缝，电子就会和光子碰撞，落在通过的狭缝的后面，再也不会落在双缝干涉条纹的位置上。在双缝实验中，实验装置令粒子具有了一种特定的叠加态，该叠加态是，“粒子穿过狭缝 A”和“粒子穿过狭缝 B”的叠加，所以电子能自己和自己发生干涉。也就是说，测量之前粒子处于叠加态，一旦测量，必然破坏其叠加态，导致它随机变成某一确定态。

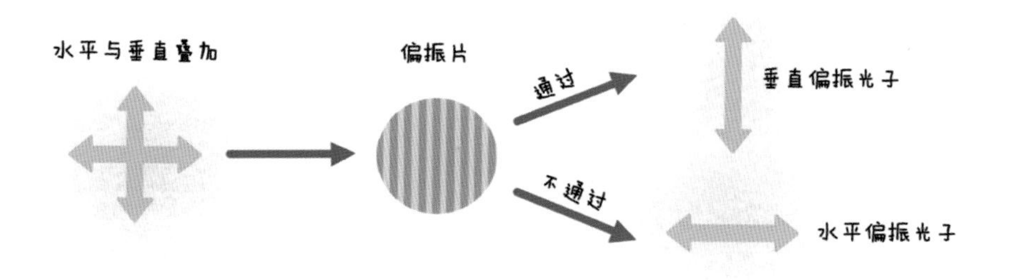

图 13-6 光子的偏振叠加态

因此，电子从哪个狭缝过去具有不确定性。

所以量子纠缠就是在量子力学的某些情况下，将两个粒子分离至任意远的距离，对一个粒子的测量能瞬间改变另一个粒子的状态，这种改变并不受光速的限制。两个粒子无论相距多远，它们之间总会存在某种联系，如果一个粒子被改变，另一个粒子也会发生相应的改变。

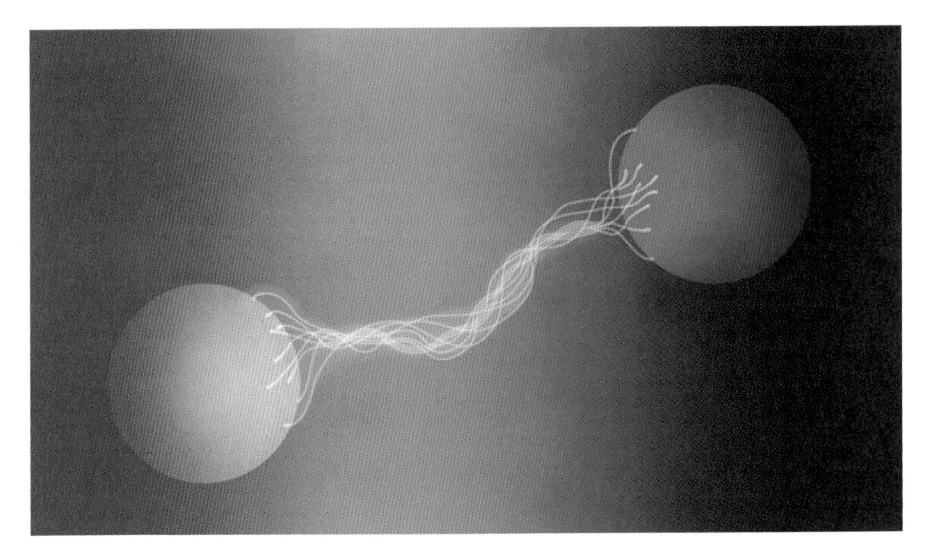

图 13–7 量子纠缠 /Johan Jarnestad
（The Roual Swedtsh Academy of Sciences）

不确定性原理

量子力学是描写原子和亚原子尺度的物理学理论，它将彻底改变人们对物质组成成分的认知，将人们带进一个新的世界。其中，量子力学的一个核心思想就是不确定性原理。

这个原理告诉我们，微观粒子的运动规律和宏观物体是完全不同的。宏观物体的运动状态是可以准确描述的，我们可以很轻易地同时测量出宏观物体的位置和速度。但是微观物体的真实状态却无法准确描述，只能说这个物体处于某种状态的概率是多少。人们对一个粒子所处的状态进行观测之前，这个粒子有多种状态，只有当我们对粒子状态观测结束后，才会得到一个准确的结果，才能知道这个粒子的状态到底是怎么样的。

图 13-8 薛定谔的猫

历史上，著名物理学家薛定谔提出过一个思想实验：把一只猫关在装有放射源和有毒气体的封闭容器里。放射源在单位时间内有一定的概率会发生衰变。当检测到放射源衰变时，有毒气体就会释放，猫就会死；如果放射源没有发生衰变的话，猫就存活。但是在盒子被打开之前，我们不能确定放射性物质是否已经衰变了，因此猫的状态就是未知的。猫就处于死猫和活猫的叠加状态，这就是所谓的“薛定谔的猫”。量子力学的诠释认为，一段时间之后，猫既活着又死了。但是，不可能存在又是活又死了的猫，必须打开盒子才能确定结果。

这与我们日常的认知大相径庭，在量子力学刚刚诞生的时候，物理学界反对的声音也自然不在少数。为了反对量子力学，爱因斯坦提出了他的思想实验：将双缝挂在天花板上，那么电子穿过的时候还是干涉条纹，但是电子穿过狭缝的时候，由于狭缝挂在天花板上，受到电子的影响会移动，根据双缝受电子的冲量来判断电子通过哪一条狭缝。但是玻尔对此进行了否定。玻尔认为要想知道双缝怎么动，必须知道原来的位置和动量，而量子力学告诉我们原来的位置和动量不能精确确定，所以无法测量冲量。

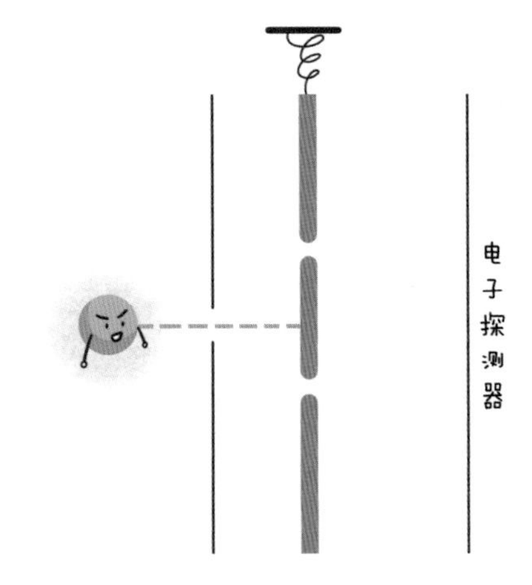

图 13-9 爱因斯坦双缝干涉实验

EPR 佯谬和隐变量理论

1935 年 5 月，爱因斯坦和他的两位同事合写了一篇题为《能认为量子力学对物理实在的描述是完备的吗？》论文。根据量子力学可以导出，对于一对出发前有一定关系，但出发后完全失去联系的粒子，对其中一个粒子的测量可以瞬间影响到任意远距离之外另一个粒子的属性，即使两者间不存在任何联系。一个粒子对另一个粒子的影响速度竟然可以超过光速，爱因斯坦将其称为“幽灵般的超距作用”，认为这是根本不可能的，以此来证明量子力学的不完备，即所谓爱因斯坦－波多尔斯基－罗森佯谬（EPR 佯谬）。

EINSTEIN ATTACKS QUANTUM THEORY

Scientist and Two Colleagues Find It Is Not 'Complete' Even Though 'Correct.'

SEE FULLER ONE POSSIBLE

Believe a Whole Description of 'the Physical Reality' Can Be Provided Eventually.

图 13–10 1935 年 5 月 4 日，纽约时报首页的头条新闻标题，有关 EPR 佯谬

爱因斯坦又提出了隐变量理论，隐变量理论的基础是决定论。它相信量子力学理论是不完整的，并且有一个深层的现实世界包含有关量子世界的其他信息。这种额外的信息是一种隐藏的变量，是看不见的，但是是真正的物理量。确定这些隐藏变量就能得出对测量结果的准确预测，而不仅仅是得到概率。经过三个月的艰苦努力，玻尔给出了回应。测量一瞬间，玻尔说是叠加态变成了确定态，但爱因斯坦说一开始就是确定的，结果是一样的。没有人能看见叠加态，一测量就变成了确定态，无法验证两个理论谁对谁错。

这就好比如果把两个粒子表示成两个球，这两个球在被测量之前没

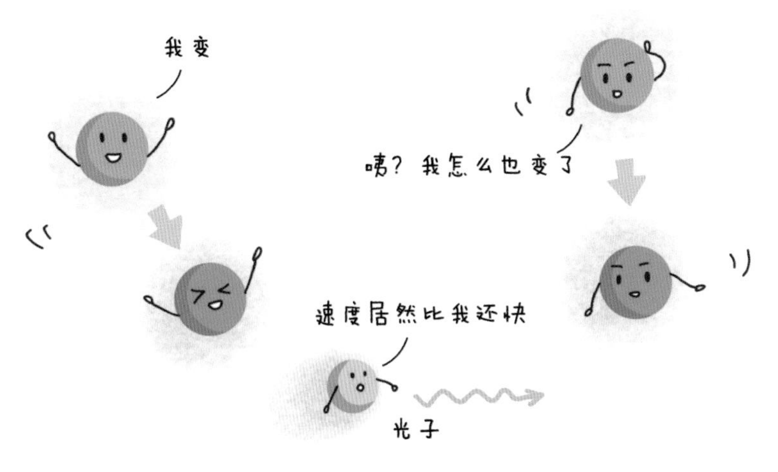

图 13-11 EPR 佯谬

有确定的状态。也就是说，两个球都是灰色的，有人看到其中一个时，它可以随机的变成黑色或者白色，另一个球立刻变成相反的颜色。但是，怎么可能知道这些球一开始并没有固定的颜色呢？即使它们看起来是灰色的，也许它们里面有一个隐藏的标签，告诉它们当别人看到它们时应该变成哪种颜色。量子力学的纠缠对，可以比作一台机器，它向相反的方向抛出颜色相反的两个球。当一个人接住一个球，看到它是黑色的，他立刻知道对方接住了一个白色的球。在隐变量理论中，球总是包含关于显示什么颜色的隐藏信息。然而，量子力学说，这些球是灰色的，直到有人看到它们，一个随机变白，另一个变黑。

图 13-12 爱因斯坦与波尔的争论

这一切还需要进行实验证明。首先我们要明白什么是孪生光子。孪生光子是对于某些特殊的激发态原子，电子从激发态经过连续两次量子

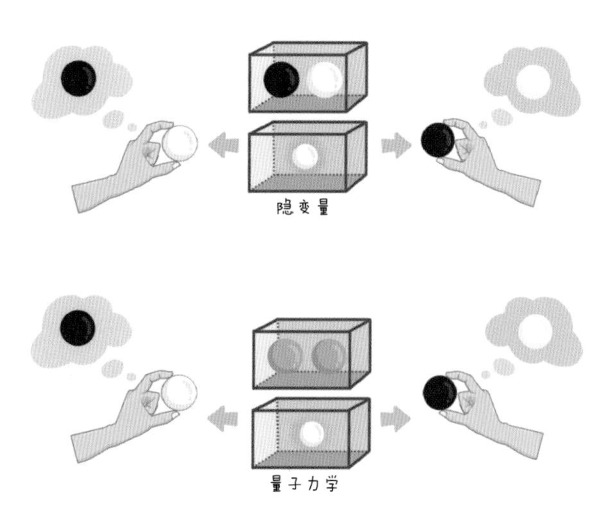

图 13-13 黑白球实验

跃迁返回到基态，可以同时释放出两个沿相反方向飞出的光子，而且这个光子对的净角动量为零。

对其中一个光子进行偏振方向测量，另一个光子就必须得和这个光子保持偏振方向一致，否则就没法维持净角动量为零。实验结果表明，在光子 1 被进行偏振测量后，光子 2 的偏振瞬间也被确定，保持和光子 1 的偏振方向一致。这个实验中，两个偏振片方向是一致的，但是这个实验结果并不能排除隐变量理论。

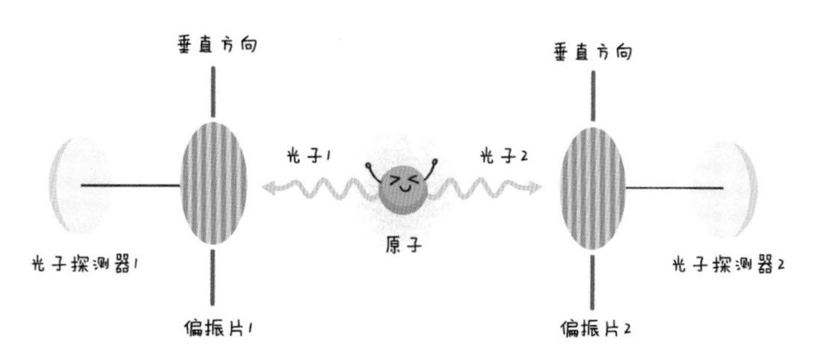

图 13-14 孪生光子偏振测量实验

贝尔不等式

1964 年，英国科学家贝尔提出了一个数学不等式——贝尔不等式。在贝尔不等式里，偏振片 1 和偏振片 2 的夹角可以是任意的。如果两个光子按隐变量运作，出发时偏振方向就确定了，会满足此不等式。如果这两个光子按量子力学运作，出发时偏振方向不确定，处于叠加态，则不满足此不等式。

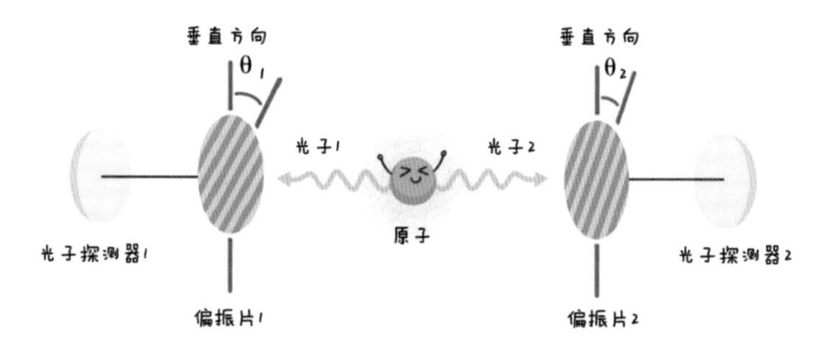

图 13-15 贝尔不等式

最早验证贝尔不等式不成立的是美国理论和实验物理家约翰·克劳泽在 1972 年完成的实验。他提出一个新的办法来获得纠缠光子，用紫外线来照射钙原子，电子有可能被激励到高出两个能级的状态，然后当能量回落时，就有可能连续回落两个能级，并有一定概率辐射出两个相互纠缠的光子。使用钙原子时，将辐射出波长分别为 551nm 的绿光光子和 423nm 的蓝光光子。只要发生测量，光子的偏振方向的量子态就会变成一个具体的方向，而且由于纠缠，两个光子的偏振方向必定是相互垂直的。所以在实验中让两个光子各自通过一个偏振滤光片，这两个滤光偏振角度相互垂直，如果两个光子都通过偏振片或者都不通过偏振片，则说明两个光子的偏振具有相关性，也就是纠缠的。如果一个光子通过偏振，而另一个光子不通过，则两者之间缺乏相关性。但是实验依然存在漏洞，可能是纠缠源发出的粒子没有百分之百被观测到，也可能是偏振片转换时间不够快，给光子留下互通有无的时间，有可能不是超距作用。

1982 年，法国物理学家阿兰・阿佩斯克特采用激光激发钙原子，做了一系列精度更高，实验条件更苛刻的实验。首先观测比例大幅度提高，其次以每秒 2500 万次的速度变换偏振片方向，测量时间远小于信号以光速在两光子之间传递的时间，从而确认了“超距作用”。1998 年，安东・塞林格用非线性晶体产生的纠缠光子对，严格验证了贝尔不等式不成立。

丹尼尔・格林伯格、迈克尔・霍恩、安东・塞林格提出了三粒子纠缠现象，1990 年，发表了题为《没有不等式的贝尔定理》的论文，文中指出，三个或三个以上粒子的纠缠态只可能在量子力学的框架下出现，它和隐变量理论是不相容的。这被称为“GHZ 定理”。

量子的隐形传态

历史上有一个有趣的故事。1593 年 10 月 24 日，一个名叫吉尔・佩雷斯的西班牙士兵在马尼拉守卫总督府。总督在前一天晚上被海盗刺杀，守卫宫殿的士兵们已经筋疲力尽。佩雷斯也不例外，睡了过去。

当他睁开眼睛时，他已经不在马尼拉了。不知是什么原因，他奇迹般地被瞬间传送到了太平洋彼岸。他在宪法广场，墨西哥城的大公共广场。他被卫兵发现，卫兵因他的制服而怀疑他是个逃兵，并把他扔进了监狱。为了自救，他告诉了卫兵总督在马尼拉死亡的消息，却不被相信。几个月后，当总督死亡的消息乘船抵达时，佩雷斯的故事得到了证实，他也被释放了。

这个故事可以看成量子隐形传态的缩影。量子隐形传态是将量子信息从一个系统转移到另一个系统而不丢失任何部分的唯一方法。1997 年，安东・奥地利塞林格科学小组成功地把一个光子的任意偏振态，完整地传输到另一个光子上，这是科学家首次完成了量子隐形传态的原理性实验验证。

如果纠缠对中的粒子以相反的方向行进，其中一个粒子与第三个粒子相遇，并以某种方式使它们产生纠缠，就会发生有趣的事情。它们会进入一个新的共享状态。第三个粒子失去了自己的身份，但它原来的属性现在已经转移到了之前那对纠缠粒子中落单的那个粒子上了。这种将未知的量子态从一个粒子转移到另一个粒子的方式，被称为量子隐形传态。

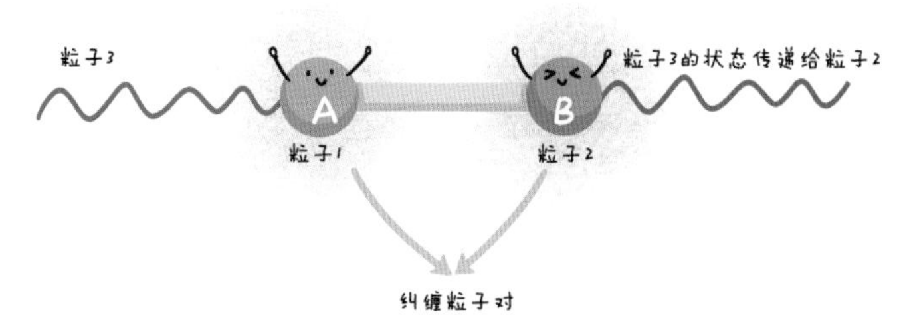

图 13-16 纠缠对的信息传输

测量一个量子系统的所有属性，再将信息发送给一个想要重建该系统的接收者，是绝对不可能的。这是因为，一个量子系统可以同时包含每个属性的几个版本，而每个版本在测量中都有一定的概率出现。一旦进行了测量，那就只剩下了一个版本，也就是被测量仪器读取的那个版本。其他的版本已经消失了，不可能再知道关于它们的任何事情。然而，完全未知的量子特性可以通过量子隐形传态来转移，并完好无缺地出现在另一个粒子中，但代价是这些量子特性在原粒子中被破坏殆尽。

这一点在实验中已经证明，下一步便是使用两对纠缠粒子。如果每对纠缠粒子中的各一个粒子，以某种方式被纠缠在一起，那么原纠缠对中未受干扰的那两个粒子也会变得纠缠，尽管它们从未相互接触过。这样的纠缠互换，在 1998 年由塞林格的研究团队率先证明。

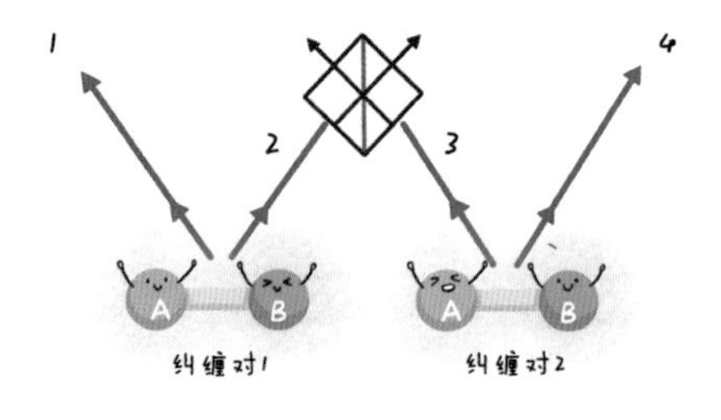

图 13-17 量子隐形传态

纠缠的一对光子，可以通过光纤以相反的方向发送，并在量子网络中发挥信号作用。两对光子之间的纠缠，使得这样一个网络中节点之间的距离有可能延长。光子通过光纤发送的距离是有限制的，太长的话，光子会被吸收或者失去特性。普通的光信号可以在途中被放大，但纠缠光子对没办法这样做。放大器必须对光进行捕获和测量，这会打破量子纠缠。然而，纠缠互换意味着有可能进一步发送原始状态，从而将其转移到原本不可能传送到的更远距离上。两对纠缠在一起的粒子从不同的来源发射出来。每对粒子中的一个粒子以一种特殊的方式被带到一起，使它们发生纠缠。此时，另外两个粒子（图 13-17 中的 1 和 4）也被纠缠起来。通过这种方式，两个从未接触过的粒子可以纠缠在一起。

量子光学的应用

借助量子纠缠态的优越特性，以量子信息科学为代表的量子科技正在不断形成新的科学前沿，激发革命性的科技创新，孕育对人类社会产生巨大影响的颠覆性技术。量子通信正是利用量子纠缠效应进行信息传递的一种新型通信方式。2017 年，潘建伟团队利用墨子号量子科学实验卫星首次实现了从地面到卫星的量子隐形传态，人类首次完成卫星和地面之间的量子通信，构建一个天地一体化的量子保密通信与科学实验体系。2021 年，南京大学祝世宁院士团队将两架无人机编组，通过光学中继，在相距 1000 米的两个地面站之间实现了纠缠光子分发，显示出多节点移动量子组网的可行性，标志着量子网络向实用化迈出关键一步。

图 13-18 无人机移动量子网络构想图

2020 年，潘建伟和陆朝阳等学者成功研制 76 个光子的量子计算原型机“九章”，推动了全球量子计算的前沿研究达到一个新高度，继谷歌“悬铃木”量子计算机之后，我国首次成功实现“量子计算优越性”的里程碑式突破。

南京大学张利剑教授课题组在经典 / 量子系统互文性研究方面也取得了重要进展，首次从测量与事件的角度对互文性验证中的经典与量子表现进行了系统比较。互文性，即对物理系统可观测量的测量结果会依赖于测量的上下文环境，这就好比一个问题的答案并非是确定的，而是与上下文中一起问及的其他问题有关。互文性是量子物理概率特性的一种体现，也是对量子非定域性的推广，因此量子互文性被认为是物理非经典性的标志之一，同时也被证明是量子计算、量子通信等应用的重要资源之一。

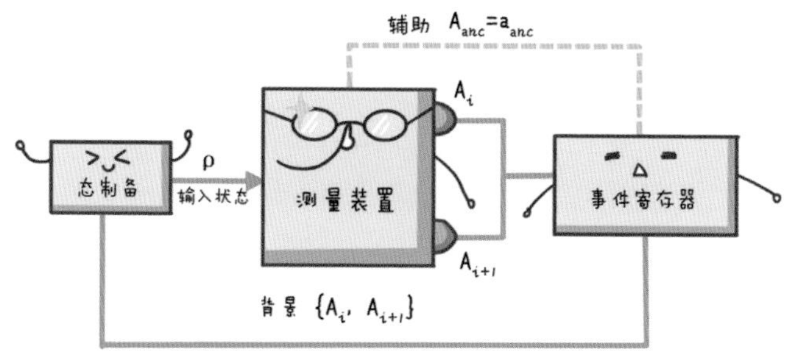

图 13-19 互文性验证的基本框架图示

芯片式超构显微镜

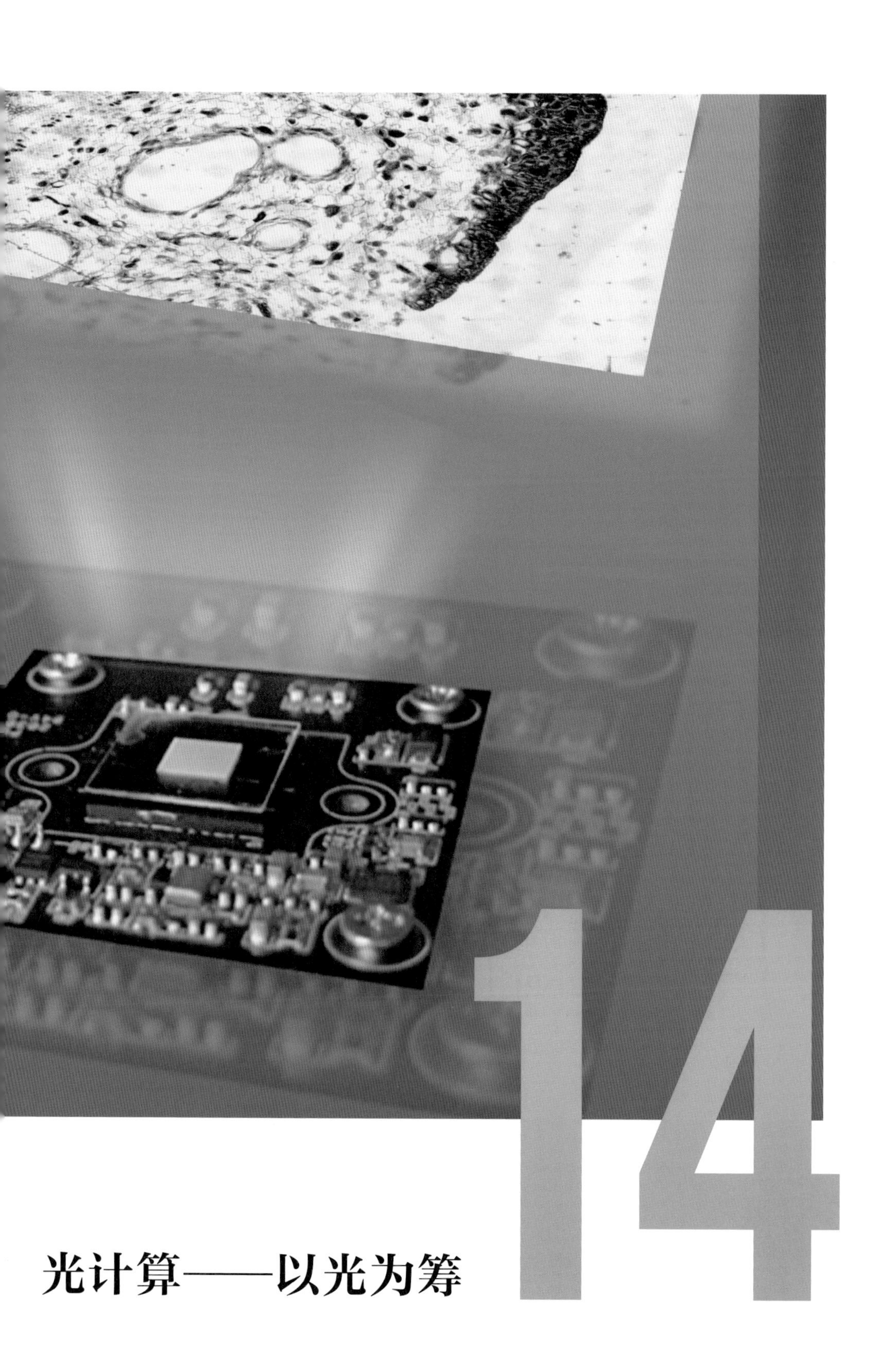

14

光计算——以光为筹

光计算——以光为筹

计算的历史

计算的发展几乎贯穿了整个人类社会演变的过程，期间每一次计算方式的变革也都代表着科学技术的巨大飞跃。直至今日，人类社会已经经历了计算工具从古代的算筹、算盘到高度集成化的电子计算机的变迁。

图 14-1 永乐大典算筹布位图

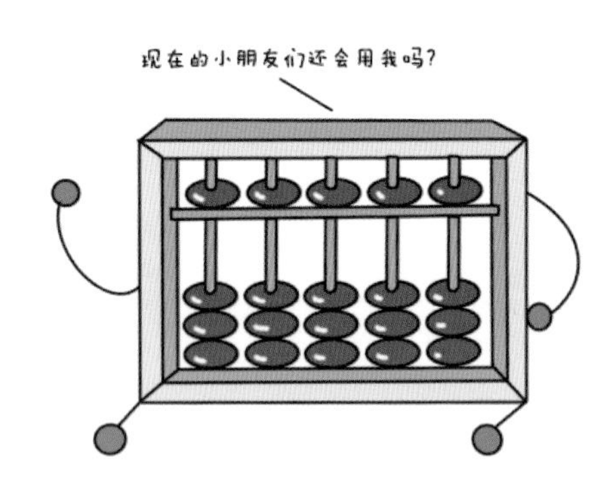

图 14-2 算盘

每个人在最初接触数学的时候，都喜欢掰弄自己的十根手指来数数，从而完成最简单的加减法运算。随着手指头数量的不足，逐渐发现满“十”进“一”的运算要则。古人也是像这样慢慢建立起数的概念并使用十进制的方式来表示数据。但是人体手指的数量毕竟是十分有限的，仅能用来表示和计算 10 以内的数字，早在春秋战国时期古人就逐渐开始借助外物——通过横竖摆放来表示数的小木条，也就是算筹来帮助计算。中国古代数学家祖冲之就是利用算筹将圆周率的大小精确到了小数点后七位。在东汉时期，古代的先贤们发明了算盘这一便利的计算工具，直到近代算盘仍旧被很多人所使用。

之后伴随着西方工业革命的兴起，机械式的计算工具开始被提出和制作，比如在 1832 年查尔斯·巴贝奇搭建机械式的差分机。1946 年，电子管的发明给计算形式带来了极为深刻的变革。在美国的宾夕法尼亚大学，世界上第一台电子计算机 ENIAC 被发明，它的体积极大，占地约 170 平方米。当然它与现在所广泛使用的计算机还相差甚远。在晶体管和集成电路技术被发明后，我们所熟悉的现代高度集成化的计算机才逐渐地走入千家万户。

光计算的提出

光计算，就是对光进行调制，以光作为某种载体进行运算的一种方式。为了更好地说明光计算独特的优势，首先要说一下电子与光子的区别。

微粒和波是物质存在的两种形式，它们彼此截然不同。微粒总是有质量、有体积或者说有大小的，不同的微粒之间可以发生碰撞，就像你在玩碰碰车的时候会被撞来撞去。数量极其庞大的微粒组成了我们现在所生活的世界。电子就是一种微粒，在原

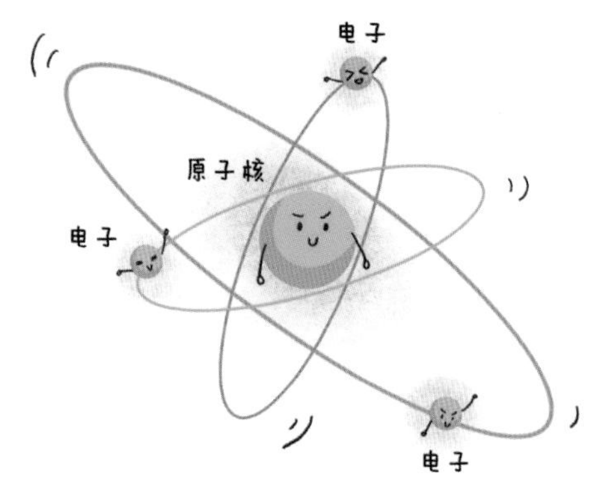

图 14-3 电子围绕原子核的运动

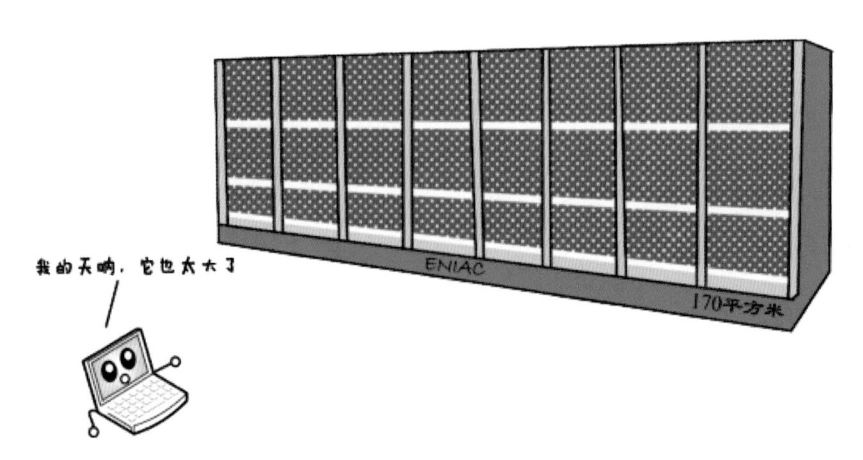

图 14–4 世界上第一台电子计算机 ENIAC

图 14–5 贝克（远）和贝蒂·斯奈德（近）在位于弹道研究实验室（BRL）的 ENIAC 上编程

子中它会围绕着原子核作圆周运动，它带有负电荷，在外界电场的作用下，介质中电子会发生定向移动形成电流。

在现代的计算机中，我们使用二进制而不是十进制来记录、处理数据，二进制中只有数字0和1，在实际的电子电路中我们使用电压值的高低来表示它。

图 14–6 机器人

而波则极其特殊，它是场的振动所带来的结果。光是一种电磁波，类似于我们常见的水波，水波是水面的振动，而光则是电场和磁场的震荡，电场可以驱使电子产生定向移动，而磁场则是与中国古代四大发明之一的指南针有关，指南针所指示的南就是地球的地磁场方向，磁场和电场之间有着千丝万缕的关系。

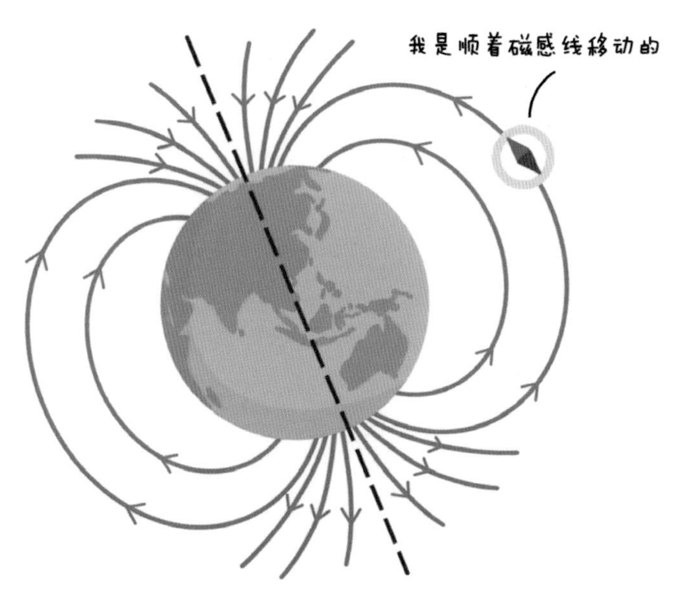

图 14–7 地磁场

为了描述一个光波，我们需要用到振幅、波长、频率，以及相位这些概念，具体如图中所示。光不具有静止质量，但它具有能量与动量。在真空中光的速度是最快的，超过了所有物体的运动速度，达到 $c_0=2.99792\times10^8\mathrm{m/s}$，同时这也是经典信息论中所证明的信息传递的最快速度。当然最重要的是，光的传播与粒子截然不同，光波有干涉和衍射等特性，这些特性会为运算带来极大的方便。同时利用相应的光学元件，比如平时日常生活中用的镜子、透镜、可以分开不同颜色的棱镜以及更复杂的光栅等，来调控光的传播方向和强度分布。

现在我们对于运算速度有着更高的追求。在现代计算机中，相对应的我们需要提高信息在芯片中的传输速度。但是电路中电容或者电感两端电压的变化需要一定的时间，对于电子芯片来说由于自身电路中电容、电感等元件的存在，其内部电信号的传输速度就会被电路的电容和电感的大小所限制。同时另一方面，相对于电子，光具有很多的可调节自由度，在并行运算的方面同样有着极高的优势，因此科学家们也在畅想能否使用光来代替电子进行复杂运算。

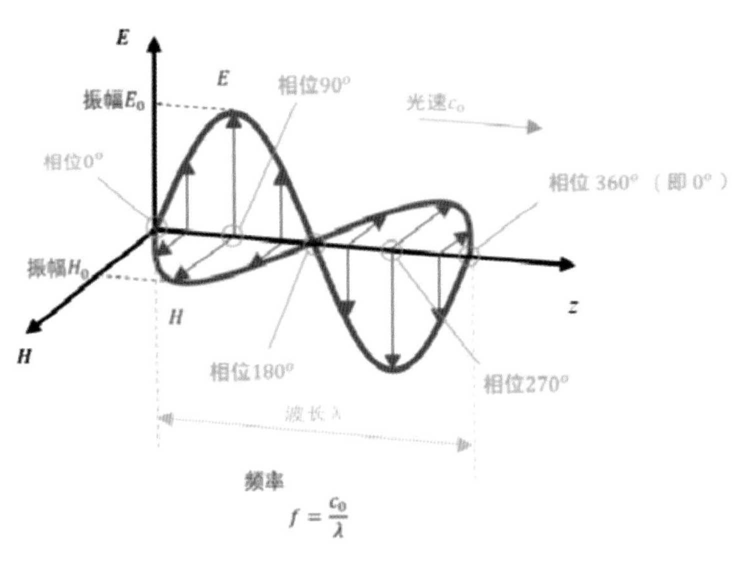

图 14-8 光的数学描述

傅里叶变换

傅里叶变换是数学中十分重要的一类运算，它的具体形式较为复杂，表现为从负无穷大到正无穷大范围内的复杂积分：

$$F(v)=F\{f(x)\}=\int_{-\infty}^{+\infty} f(x)e^{-i2\pi vx}dx$$

同时它有着极其深刻的物理意义，在信息领域有着极大的应用。在前面中我们给出了电磁波的一种形式——一条震荡的曲线，实际上这条曲线就是最为简单的波的表现形式：简谐波，这里我们重点关注频率这一特性。

接下来我们考虑一个简单的事情，把不同频率的简谐波叠加起来。这看起来是个简单的操作，但是当累加的简谐波足够多，同时按比例减小每个简谐波振幅的大小，从而避免相加的总和趋于无穷大时出现“神奇”的结果（14-9）。这时可以通过调整每一个简谐波前的权重（包括振幅和相位，也就是一个复数），得到很多常见的曲线。傅里叶变换的意义便在于此，它可以得到一个函数曲线对应的频率分布。用较为准确的数学语言来说，就

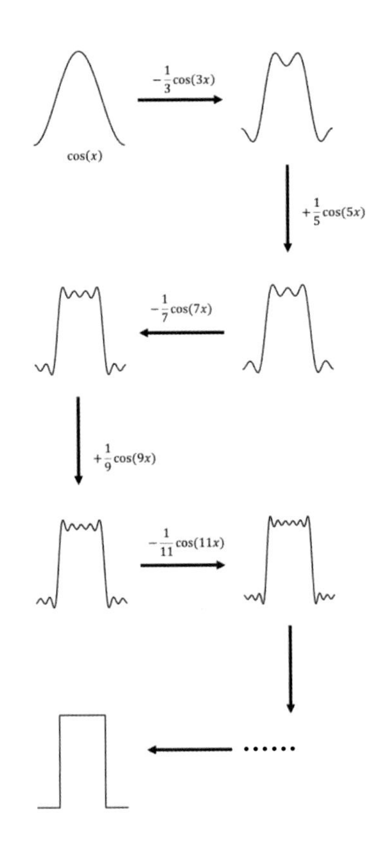

图 14-9 不同频率光波叠加结果

是可以将一个函数从时间域或者空间域变为频率域或空间频率域。另一方面它与卷积运算有着紧密的联系，在神经网络等情形中有着很大作用。

我们通常基于快速傅里叶变换算法（Fast Fourier Transform, FFT）利用计算机得到函数或者数组对应的傅里叶变换结果。但是电脑程序的运算是需要时间的，这个时候光波独特的衍射特性就为我们带来了极大的便利。

凸透镜或者说放大镜大家一定非常的熟悉，利用它我们可以把太阳光会聚成一个明亮的小点，一般认为太阳光是一种平行光，这样一个小点位置通常被叫做透镜的焦点，而它与放大镜的距离则被称作焦距。但我们似乎从未关注过这样一个小点的光场，或者简单一点来说，光的强弱的具体分布。这里将给出一个有趣的结果：如果将物体放在透镜的前焦点处，平行光入射时在后焦点处可以获得这样一个物体的傅里叶变换像。也就是说，只是利用一个透镜，就可以简单且极为快速地完成数学上非常复杂的傅里叶变换，这也就体现出了光学计算的独特优势。

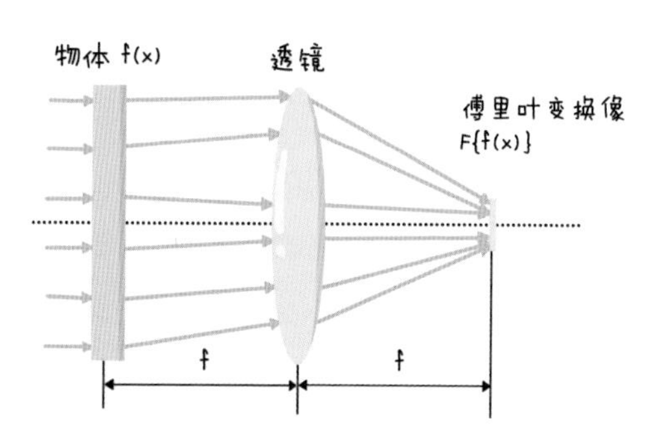

图 14-10 透镜的傅里叶变换性质

另外利用傅里叶变换也可以完成许多不同的运算，比如微分运算，又或者说提取图像的边缘信息，对图像进行边缘检测。这个时候需要借助 4-f 系统与螺旋相位板，4-f 系统其实类似于一台望远镜，只是望远镜前后透镜有着不同的大小与厚度，而它是由一对相同的透镜组成，螺旋相位板可以被视作一个厚度与角度成正比的透明玻璃板，它被放置在两个透镜中央的焦点处。利用这样一个体系就可以只取出一张图片的边缘。

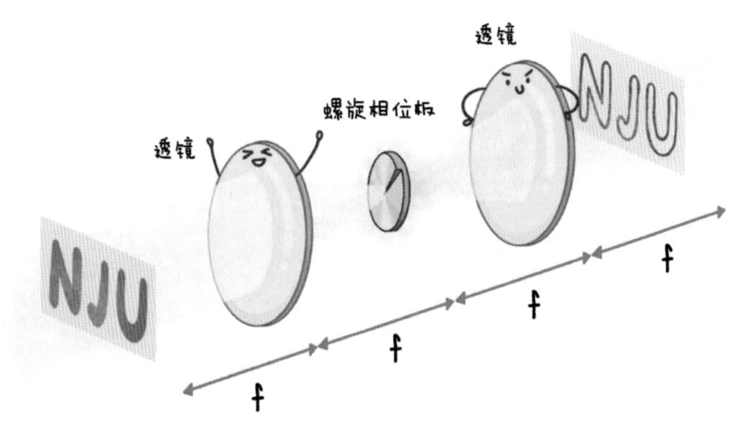

图 14-11 4-f 系统与边缘检测

数字光计算

很多种情况下，尤其在计算机中，我们并不会对一个连续的物理量进行直接运算，而是会选择对一些离散的物理量进行简单处理。在近代数学与物理中，矢量和矩阵运算是十分重要的一部分。就像我们的身高、体重，它们只有大小，没有方向。但是矢量不同，矢量是既有方向又有大小的量，比如速度、力等。矢量可以用一组数字来表示，矩阵与矢量间的乘法可以看作是对这样一组数字的线性操作：

$$矩阵：\begin{pmatrix} 0 & 1 \\ 2 & 3 \end{pmatrix} \qquad 矢量：\begin{pmatrix} 4 \\ 5 \end{pmatrix}$$

$$相乘：\begin{pmatrix} 0 & 1 \\ 2 & 3 \end{pmatrix}\begin{pmatrix} 4 \\ 5 \end{pmatrix}=\begin{pmatrix} 0\times4 & 1\times5 \\ 2\times4 & 3\times5 \end{pmatrix}=\begin{pmatrix} 5 \\ 23 \end{pmatrix}$$

当然利用光学也可以实现数字式的矢量 – 矩阵的乘法运算。如果使用一维阵列式的光源来代表一个 n 维矢量，那么利用一对柱透镜，在两个柱透镜中间的焦点处放置一个 $n\times n$ 的调制板作为线性调制的矩阵，就可以对输入的光学矢量作相应的矩阵乘法运算，这种方案在 1978 年由古德曼等人首先提出。在这样一种方式的基础上，可以做很多改进来实现更复杂的光学数字运算。

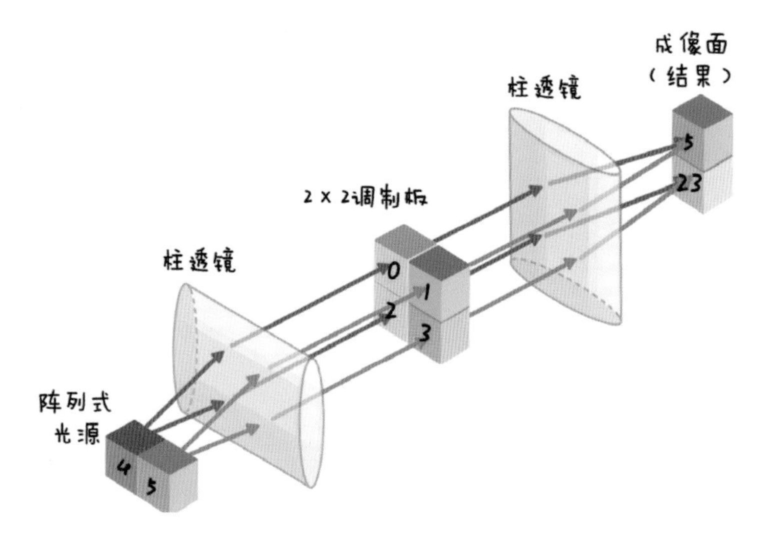

图 14-12 光学矢量 - 矩阵的乘法器

光芯片

现代电子计算机的核心是晶体管和集成电路，一块小小的硅基芯片上有着百亿计的晶体管。摩尔定律曾预言，芯片上的晶体管数目每 18 个月便会增加一倍。在当下，这一数目的变化规律仍然勉强遵循着这一预言。科学家们自然也想使用制作电子芯片的方法来获得集成化的光芯片，从而进行大规模的集成运算。要想制作光芯片，首先需要想办法把光约束在一定范围内。

在之前几节曾提到过，光从高折射率介质向低折射率介质传播时会出现全反射的现象。利用这一原理，就可以基于光刻等工艺制作出芯片上的“波导”结构，让光在高折射率介质结构内传播，周围的低折射率介质利用全反射条件将光束限制在中间。并且可以通过设计不同的片上波导结构，来实现各种形式的光计算。比如利用级联的马赫 - 曾德干涉仪结构就可以实现光学的矢量 - 矩阵乘法，马赫 - 曾德干涉仪结构较为简单，我们可以简单的理解为光的传播路径被分为对称的两路，而改变其中一路光的相位（即右图所示移相器），再令两路光发生相互叠加。这里上层硅的折射率高于二氧化硅和空气层，光可以被约束在上层硅波导中，通过延时与波导间光的相互耦合完成光学计算。

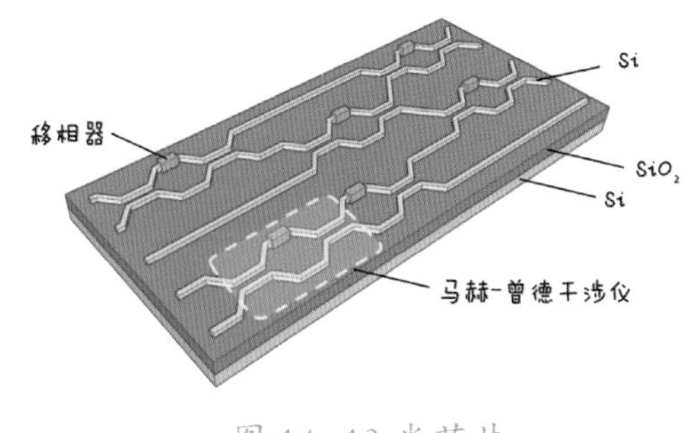

图 14-13 光芯片

未来

随着后摩尔时代的逐渐到来，光计算受到越来越多的关注。借助光或许真的会实现运算速度方面质的飞跃，突破电子计算机的一系列壁垒。又或许借助光的独特优势，借助人工智能的发展，我们真的会在某一天构建出一个光学的、一个阿兰·图灵曾设想过的人造“大脑”。

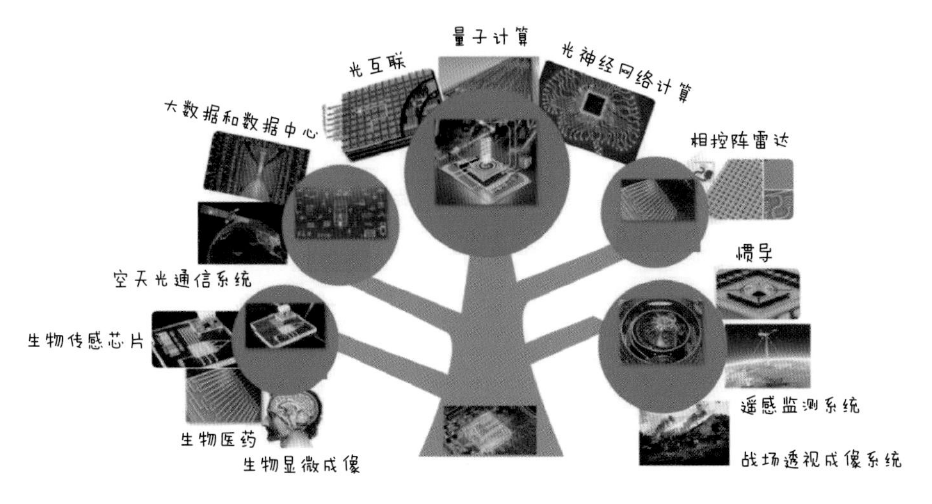

图 14-14 光芯片应用，王俊 杨晓飞，2020

结语

非常感谢各位读者读到这里。追光到这里既是终点，也是起点。

光究竟是什么？有人将光视为生命的象征，是希望与温暖的象征；有人认为光就是简单的光线，是一种从太阳或其他光源发出的电磁波；还有人认为光是宇宙中特殊的存在，既不是固体、液体、气体，也不是等离子体，而是一种在规范场下的相互作用。

本书从光的基本性质到最新的科技应用，逐一向读者展示了光学的精彩世界。我们希望能够借此激发读者的好奇心和探索欲望，让大家对光学有更深入的理解和认识。然而，本书也只是光学无限世界的一个微小切片，光学领域的奥秘和深度远远超出了本书所讨论的范围。

现代工学以理为基础、以工为方向，涉及人类和国家战略亟需的材料、光学、新能源、生物技术等方向。这套现代工学前沿科普丛书从追光开始，向大家逐一展示现代工学的魅力，以展现“为人类创造美好生活”的初衷。

最后，感谢南京大学的老师们以及学生们为本书的辛勤付出。同时，也感谢所有支持和关注我们工作的人。希望各位读者喜欢这套现代工学前沿科普丛书，我们期待在下一本书中与您再次相见！